馬雲的人生哲學

創業人生

LIFE PHILOSOPHY OF JACK MA

郭明濤／主編

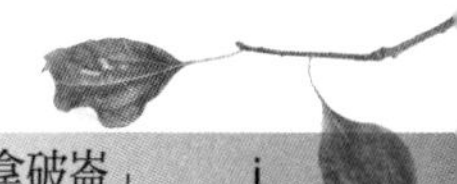

序言：網路中的「拿破崙」

他，瘦小精幹的杭州人，長相頗似《ET》裡的外星人，出言必語驚四座；他，全球最大的企業電子商務網站阿里巴巴的創始人、董事局主席兼首席執行長；他，中國雅虎執行長兼總經理、軟銀集團董事……他就是馬雲，一個不斷創造神話的人。

馬雲的成功是一個神話，阿里巴巴的成功更是一個神話。和那些出生在商賈世家、從小就飽受商業啟蒙而成功的企業家不同，他並非畢業於世界一流高校，也沒有一流企業的從業背景，他完全靠自己的努力，在草根之中追求著自己的夢想。

在中國眾多互聯網（網際網路）公司中，馬雲是一個異類，他似乎是所有網路公司老總的矛盾綜合體：

就是這樣一個不懂IT（資訊科技）的IT英雄，不懂網路的網路精英，使得軟銀的孫正義，在六分鐘內，決定投資上億元。

就是這樣一個不懂管理的經營專家，《富比士》對其評價為：有著拿破崙一樣的身材，更有拿破崙一樣的偉大志向！數個世紀前，拿破崙率領他的法國騎兵血腥地掃蕩了整個歐洲；幾個世紀以後，馬雲帶領著他的阿里巴巴兵不血刃地征服了整個世界。

馬雲給中國互聯網吹來了一股返璞歸真的清新之風。他領導下的阿里巴巴管理團隊，兩度被收錄到哈佛MBA案例。

澳大利亞前總理霍華德曾這樣評價馬雲：「世界公認的中國最成功的商人，他創立的阿里巴巴不僅是世界最有影響力的中國本土B2B（Business to Business）商業網站，還改變了人們的交易模式。」

阿里巴巴、淘寶網、支付寶、阿里軟件、雅虎口碑、阿里媽媽……這一切的努力，只為實現最初的夢想——讓天下沒有難做的生意。阿里巴巴的上市是一次與眾不同的造富運動：不造首富而造群富，不追求個人巨富而追求員工共富。

《馬雲的人生哲學》力圖以真實而精采的內容，向你介紹馬雲做人做事的哲學，探索其財富人生幕後多彩的內心世界，向世人展示「榜樣的力量」。在馬雲身上，有很多可以借鑑的地方，當然也有不為人知的祕密。他給每一個認識他的人都留下了深刻的印象，他的一言一行都是我們現代企業人的學習典範。在他的人生道路上，留下了很多讓人敬佩的蹤跡。

馬雲作為這個時代草根創業的代表人物，以及創業路上的先行者之一，他的人生充滿了神奇。細細品味《馬雲的人生哲學》一書，相信會給我們的生活、創業以及企業經營帶來一些啟示、一些忠告。

目　錄

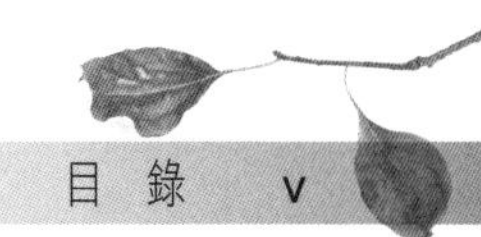

第一章　做人哲學

——認真做事，大度做人

愚蠢的人用嘴說話，聰明的人用腦袋說話，智慧的人用心說話。

——馬雲

沒有愛心的人幹不成大事，沒有責任心的人永遠無法上進，沒有目標的人成不了大器。今天，我們面對的誘惑越來越多，一定要站穩腳跟，保持積極向上的進取精神，在誠信的基礎上完美地表現自我，才可能成為一個成功的人。馬雲能一步一步走向成功，就是因為他懂得如何做人。

人不能沉浸在所謂的成功裡面

幾乎所有的人都容易沉溺於成功的喜悅當中，卻很難接受失敗的痛苦。然而，一次成功可能不會給人帶來太大的改變，但一次失敗卻足以使人付出沉重的，甚至是毀滅性的代價。因此，要成為生活中真正的強者，就應該認識到自身的優勢以及不足。用一顆平常心看待過去取得的輝煌成就，抱著一種「學習、學習、再學習，努力、努力、再努力」的態度，讓自己變得更加強大，更加受人尊重。

有人這樣說：勇敢地面對失敗是另一種成功，而錯誤地沉溺於成功則相當於一種失敗。是的，人生總會有很多的起起伏伏，不小心跌倒了，並不代表著從此便一事無成；經過一番挫折後成功了，也並非意味著從此便可以一勞永逸。成功有很多種，並且它是永無止境的，每登上一個新臺階後應該思考如何更上一層樓，如果停下來，馬上就會有人超過你。

◆清醒對待成功，方可把握時代脈搏

馬雲雖然是中國知名企業家，但他卻從不認為自己取得了多麼輝煌的成就。他認為，自己身上的光環只是別人給戴上的，而實際上，成功的背後總有一些亟待解決的隱患，因此他必須再加把勁兒，才能把企業做到盡善盡美。

在業界，關於馬雲自嘲的一個笑話廣為流傳：有一次，馬雲到外地出差，在飛機上無意間看到了一本雜誌，這是一本在國內有著相當高知名度的雜誌，其中一篇文章深深吸引了他。文章中介紹了一位非常成功的企業家，並對他創業所取得的成就和他自身所擁有的才華大加讚賞，描繪得淋漓盡致。這篇文章讓馬雲熱血沸騰，對文章的主人公也是欽佩不已，恨不得馬上就去拜見他。可是，當他讀到文章的最後時才發現，原來文中所描繪的那個神乎其神的人居然是——馬雲！原來是他自己！他頓時覺得哭笑不得。

在馬雲自嘲的背後，人們可以發現一個問題，即馬雲並不認為自己的企業做得非常成功，阿里巴巴雖然發展迅猛，但在其發展的背後也暴露出了許多缺陷。所以，阿里巴巴的成功，並不是因為它無懈可擊，更多在於馬雲的自我勉勵和積極進取。他沒有被眼前的輝煌成績沖昏頭腦，而是更加清楚地看到了嚴峻的現實。如今，阿里巴巴這個電子商務平臺，儼然已經成為中國電子商務的一個楷模，成為商業鉅子們最為津津樂道的話題。

孟子曾經說過：生於憂患，死於安樂。被成功迷住了心志的人，往往感受不到來自外界的壓力，就像在溫水中被慢慢煮熟的青蛙，等到發現危險，再想跳出時卻已是無能為力，最終只落得個悲慘的下場。戰國時期的吳王夫差不也正是如此。若不是他沉溺於成功，吳國又怎會被弱小的越國所滅呢？可見，一個人要想取得成功，就必須具有憂患意識，而一個人要想守住得來不易的成功，就更加需要憂患意識。或許明天你就會面臨困難和波折，倘若沒有憂患意識，到時候只能手足無措，眼睜睜地看著成功被他人奪取。

◆憂患意識，留住成功的腳步

馬雲的成功離不開他的憂患意識，他一刻也不敢放鬆對現實的警惕。在表面張揚的背後，是冷靜、謹慎且自省，兩者形成了鮮明對比。作為阿里巴巴的掌門人，在很多時候馬雲都能表現出他的理智：「當你覺得你成功的時候，就是你走向失敗的開始。」這句話讓人印象深刻。

阿里巴巴由馬雲於1999年創立，這是一個完全依賴於互聯網發展的企業，在其看似輝煌實則艱難的發展過程中，馬雲經歷了太多的起起落落。然而正是這些，讓馬雲擁有了比一般人更高的靈敏度，他的企業也才能在競爭激烈的市場中存活並壯大。2000年，互聯網突然發生轉向，對此馬雲這樣說道：「當時大家還沒有明白到底是怎麼回事，就已經進入了冬天，而且這個冬天特別漫長。」之後，馬雲做出了一個歷史性的決定——上市，就在人們都沉浸在阿里巴巴成功上市的興奮中時，馬雲說出了上市的真正理由：「為了過冬，為了生存。」在阿里巴巴併購雅虎中國時，馬雲就已意識到危機，他說：「我們現在已經成為全中國所有網路公司的競爭對手了，我也預感到未來兩三年內會發生很多難以預料的事情，雖然最艱難的日子已經度過，但是以後的日子還會有困難。」

馬雲曾說過：「所有的創業者都必須時刻警告自己：從創業的第一天起，每天要面對的就是無窮無盡的失敗和痛苦，而不是成就和輝煌。還得讓自己明白，最困難的時刻還沒有來到，它總有一天會出現，這是不能躲避的，更不能讓別人替你扛，必須自己去面對。」

正是因為這種憂患意識，才成就了馬雲輝煌燦爛的人生，最終使他「守得雲開見月明」。創業如此，做人當然也是如此。社會在不斷地前進和發展，一個人如果不想被時代的浪潮淹沒，要爭得自己的一片新天地，就必須時刻讓自己保持清醒、冷靜和理智，同時還要敢於否定自己和超越自己。

馬雲的人生哲學

現在的社會是一個競爭激烈的社會，能夠在殘酷的競爭中脫穎而出，占得一席之地的人固然是英雄。然而，那些能夠在成功中居安思危的人更是英雄中的英雄。這種超越，是無畏的勇氣和不屈的毅力；這種超越，是仁者的智慧和強者的膽略；這種超越，是一種「永遠向前看」的王者風範。如果你只沉溺於現在的輝煌中，那麼成功也將會是曇花一現，更為卓越的人生你將永遠無法觸及。

記得別人的好，忘記別人的壞

人與人在相處的過程中總會發生很多事情，有好的、有壞的，而大多數人又都有一個共同的毛病：總是牢牢記住別人對自己的傷害，種種不快都歷歷在目，而別人對自己的關懷卻在心中不留痕跡。殊不知，當一個人心中裝載了太多不滿和仇恨，就會感到身心疲憊，為什麼不試著改變一下自己呢？

人生在世，能遇到一個真心對待自己的朋友著實不易，倘若總是因為對方不經意的一些小失誤而煩惱，那就有些得不償失了。即使一些人故意傷害了你，也沒有必要將這些不快記在心中，費心傷神。只有當心中充滿美好的東西時，人才能活得開心和精采。所以，每個人都應該學會釋懷，多記得別人的好，忘記別人的壞。

◆牢記他人的好，是幸福的根源

馬雲是一個傳奇，是一個神話，無論是B2B還是B2C（Business to Customer），他都做得相當成功。著名風險投資家熊曉鴿認為，馬雲對中國互聯網的貢獻甚至可以改寫MBA教材，他是所有互聯網創業者的榜樣和模範。可作為這樣一位備受推崇的大人物，馬雲卻總是對他人充滿了感恩，「記得別人的好，忘記別人的壞」是他人生的一大原則。

雖然今天的阿里巴巴受到了全世界的矚目，它的成功也讓人不敢小覷，但是作為一家企業，它從創辦到現在只有十年，跟那些實力雄厚的企業相比，還是相當稚嫩。正因如此，馬雲十分感謝當初那些「負責任」、「全力以赴」的投資者對他的信任和支持，感謝互聯網給他帶來的啟迪和思考。

2007年12月，馬雲在「中國IT兩會」之電腦世界互聯網年會上，首次向外界公布了當初創辦網上廣告交易平臺「阿里媽媽」的初衷，就是為了感謝當年支持淘寶與阿里巴巴的各個中小網站。馬雲表示，這些網站為阿里巴巴付出的他不會忘記，為了表示誠意，他決定三年之內不考慮「阿里媽媽」獲利的問題。

如今的淘寶網已經是阿里巴巴的支柱產業，但當初在創立時也曾歷經了重重風浪。當時競爭對手國際巨頭eBay易趣買斷了所有大網站的廣告，這等於封殺了淘寶的廣告管道，無奈之下馬雲只好找到了很多中小網站，這些網站為淘寶提供了大力支持，這也是淘寶能夠在競爭對手的封鎖中成功突圍的重要原因。因此，馬雲首先要感謝的就是無數中小網站的支持，可以說，沒有它們，就不會有今天的淘寶。

淘寶網大獲成功之後，馬雲心中就一直有一個情結，他始終記得這些中小網站給予的幫助，並惦記著要為它們做些事情作為回饋和報答。他認為，中國的互聯網不能被幾家大型網站所壟斷，應該給那些中小網站分一杯羹，打造良性的互聯網生態環境（生物鏈）。倘若不能給它們找到合理的獲利模式，對整個互聯網產業的發展都是十分不利的。於情於理，馬雲都覺得要全力支持中小網站的發展，而「阿里媽媽」的誕生，正是致力於為它們尋找合理的獲利模式。馬雲還表示，阿里媽媽能不能賺錢他並不在乎，他更在乎的是所幫助的對象能不能掙錢，這是一個「一廂情願」的事業。不過前景還是比較樂觀的。事實也證明他是正確的，「阿里媽媽」創辦才一百一十二天，就有十九萬中小網站和十六萬部落格入駐。

馬雲不愧是馬雲，他沒有因為自己的巨大付出而居功自傲，而是始終惦記著曾經對自己好的人；他也並不渴望得到回報，只希望自己的付出能夠幫到昔日的恩人。試問，這樣一個始終只記得他人好的人，又怎麼會感到不快樂呢？所以，當你抱怨別人的時候，請多想想別人的好吧！這樣，你與家人、朋友、同事，甚至陌路人，都會因此而變得更加和諧。

◆忘記別人的壞，為自己減輕負擔

他的身世十分可憐，從小就是一個棄兒，先後被三戶人家收養。第一戶人家將他從五歲帶到了八歲，後來他們自己的兒子出世了，他這個養子自然被送給了別人。年幼的他不肯離開，被養父母打得遍體鱗傷，實在沒辦法，他最終只好離開了；第二戶人家養了他五年，最後還是將他無情地送人，因為他們又收養了一個親戚的孩子，他還是不想走，拚命地叫著「爸爸、媽媽」，但最終沒有如願；來到第三戶人家，他依然沒有受到優待，只過了一年就又被趕出了家門，已經習慣了被人拋棄的他，再也沒有了哀求的慾望，只想早點逃出牢籠。

僅僅十四歲，命運的不公就把他變成了一名流浪兒，沒有生存能力的他只能從垃圾桶裡撿些剩飯吃。後來，他認識了另外一些流浪兒，於是跟著他們一起賣花討生活，還四處撿破爛，晚上就睡在商店門口，這樣的生活他過了六年。之後他去了一家建築公司當泥水工。他知道這個工作機會來得不容易，於是倍加珍惜眼前的生活，還用那少得可憐的收入報考了夜校，通過超出常人的毅力，兩年後二十二歲的他獲得了成人自考文憑，並順利進入一家公司當起了推銷員。

由於他特別能吃苦，所以每個月他的業績都名列前茅，令其他銷售員望塵莫及，於是他當上了銷售部經理。再後來，他有了一定的經驗和資本，開起了屬於自己的公司，慢慢地房子、車子和票子他都有了，而唯一缺少的就是父母親情。於是，他決定將他的三對養父母接來與自己同住，還如同小時候一樣叫他們「爸爸、媽媽」。

他的助理是一個曾經和他一起流浪的朋友，助理說：「你是不是瘋了，他們曾經對你那樣無情，你還如此優待他們？那些虐待你的事情，難道你都忘記了嗎？」他回答說：「是的，我想我都忘記了，為什麼一定要記住呢？我這一生當中不幸已經夠多了，為什麼還要再多記住一些呢？我只知道，在我最困難的時候，他們給過我一個家，我才沒有被餓死、凍死。如果沒有他們，就沒有今天的我。若是我只記得他們的壞，那只會讓自己過得更不快樂，我不想這樣。記住他們的好，會讓我覺得自己就是這個世界上最幸福的人。」

他的名字叫作王永忠，從一個流浪兒到一家資產達千萬元的公司老總，他常說自己是最幸福的，因為自己有三對父母。每天下班後都能夠叫一聲「爸爸、媽媽」是他人生當中最大的幸福。

學會了記住別人的好、忘記別人的壞，就能滿足於自己所擁有的一切，也才能不抱怨自己的付出，同時也更能獲得他人的尊重，增加彼此之間的理解。

正是因為馬雲和王永忠都懂得感恩，所以才有今天輝煌的成就。我們如果把他們當成學習的目標，學習他們的大度、善良和寬闊的胸襟，不要太在意自己所付出的一切，常常懷有一顆只求付出不求回報的心，那我們的生活就會過得別樣精采。

馬雲的人生哲學

一個人的記憶好壞並不重要，重要的是別把記憶力用在了相反的方向，不該記的記住了，該記住的卻被拋到了九霄雲外。

別人對你好，那是你的福分，不能將其視作理所當然，要懂得感恩。如此，不僅能使他人快樂，也能使自己快樂。所以，不管是曾經幫助過你的人，還是曾經傷害過你的人，你都要在內心深處懷有深深的感激，因為沒有他們就沒有今天的你。

 放低自己，抬高別人

俗話說得好：朋友多了路好走。一個人的成功，除了得力於自身的能力以外，也離不開其他人的幫助。想要得到別人的幫助，首先要讓別人喜歡你。那麼，如何才能讓別人喜歡呢？其實很簡單，那就是把自己放低，把別人抬高。中國是一個講究傳統禮節的國家，古時候的人們見面時都要相互鞠躬，這正是放低自己，抬高別人。

放低自己，通俗地講就是低調做人，遇事不張揚、不炫耀，當然這也就在無形當中抬高了別人。當一個人願把自己放低、把別人抬高時，就會讓對方有一種優越感和安全感，也能為自己創造成功所需要的必要條件。

◆學會去做一個「小人物」

在這個世界上，無論你有多大能耐，地位多高，都得學會正視自己、正視他人。其實在每個人的內心深處，都有渴望超越他人的潛意識，將他人抬高自然會讓其無限歡喜，出手相助便是理所當然。因此，有人這樣說：成功者之所以會成功，是因為他首先懂得人心，其次懂得迎合人心。

馬雲就是一個懂得以低姿態處世的人，他不只一次對外界公開說道：「客戶第一，員工第二。」在他的眼裡，自己在公司中的領導才能處於非常次要的地位，真正起決定性作用的是公司裡的幾千名員工，若是沒有他們，就不會有阿里巴巴這個

網站。只有讓員工開心，客戶才會滿意，公司才能獲得長遠發展。因此，他從不以一個領導者的身分來命令員工為他做事。相反，他總在試圖說服員工認同企業的共同理想，以朋友的身分和他們共同進退。正是因為他這種抬高他人的處世方法，為他贏得了大量忠心耿耿的員工，企業的發展也才能青雲直上。同時他還向外界解釋道：「阿里巴巴能有今天，絕對不是我馬雲一個人的功勞，很多人都在書中說我如何如何厲害，其實事實完全不是這樣，請大家不要相信。」

2005年，馬雲首次入選中國較負盛名的「胡潤中國百富榜」，並名列第六位，對此他感到十分吃驚，用他自己的話來說就是：「沒有想到會入選。」馬雲甚至認為，自己能夠入選富豪榜，不在於自己的才能，而是經濟影響力和社會影響力所致。

「放低自己、抬高別人」，這是一種性格，是一種良好的心態，也是對自己人生價值的正確估量。不過也有些人擔心：放低自己，會不會真的使自己變矮？答案當然是否定的。這種擔心顯然多餘，因為懂得放低自己、抬高別人的人，往往更能受到社會的廣泛承認和普遍尊重。詩人薩迪說過：「口袋裡裝著麝香的人，不會到十字街頭去叫叫嚷嚷讓所有人都知道，因為他身後飄出的香味已經說明了一切。」

◆時刻警示自己：低姿態是一種智慧

那些出身良好或取得過一些成就的人，很容易產生高人一等的心理，無論遇到什麼事情，都放不下架子，也夾不住尾巴，總會不遺餘力地「推銷」自己、展示自己。這樣的人注定不會受歡迎，他自己當然也很難再有進步。因此，當取得了一點成就時，千萬要時刻警示自己，不要忘乎所以。只有讓自己始終堅持做一個「小人物」，才能慢慢向著「大人物」的境界靠近。

阿里巴巴網站創立時可謂占盡了天時、地利和人和。馬雲在中國人還沒有完全瞭解互聯網的情況下，搶先占領了市場，企業從而迅速發展壯大起來，成為中國最大的電子商務平臺，在IT行業遙遙領先。可就在阿里巴巴的發展如日中天的時候，2007年IT業界跳出了一匹黑馬：網盛科技。早在2006年底，網盛科技就在深圳中小板掛牌交易。雖然和阿里巴巴年利潤幾億元比起來，網盛不到3000萬元的年利潤實在少得可憐，但作為國內A股市場上第一支「血統純正」的網路股，它卻出人意料地受到眾多投資人的追捧和媒體的關注。在眾多條件相繼成熟的情況下，網盛這匹黑馬奔馳之速越來越快，在電子商務行業裡掀起了陣陣「龍捲風」，將「暗戰」向「交火」推進。

面對這個突如其來的「不速之客」，阿里巴巴並沒有拿出「老大哥」的姿態來鎮壓，而是讓人欽佩地放低姿態，雙方從競爭走向了「合作共贏」，這一舉動讓所有人都對馬雲刮目相看。此舉不僅讓馬雲清楚地看到了中小網站可能產生的影響，對它們有了新的認識，也讓這些中小企業看到了新的機會，真可謂一舉兩得。

做企業如此，做人更應該如此，放下姿態才能成全他人，成全他人才能讓自己得到實惠，這個過程想必人人都懂。那麼，請收起以前那種高傲的姿態，讓周圍的人感受到你的誠意吧！只有這樣，成功的機率才會多出一分。

馬雲的人生哲學

從阿里巴巴的創立到上市，其間馬雲經歷了無數個驚心動魄的時刻，也經歷了很多辛酸和苦楚，更是經歷過數次震撼人心的生死大關，不過這一切都已經成為過去。唯一不變的是，馬雲依舊保持著一種做人的低姿態，他曾這樣評價自己的成功：「我很感謝這個時代，感謝這個行業，感謝這個時機，感謝客戶與投資者的支持。雖然目前中國的互聯網大公司並不多，但阿里巴巴能夠成功上市，裡面的偶然因素還是挺大的，不乏運氣的成分」。

 只要不放棄就會有機會

「人最寶貴的是生命，生命對每個人只有一次。人的一生應當這樣度過，回首往事，不因虛度年華而悔恨，也不因碌碌無為而羞愧……」保爾．柯察金的這句名言相信每個人都知道，但真正能夠做到的卻寥寥無幾。其實，這句話正是對人生最好的詮釋，它告誡人們，只要不放棄就永遠有機會。

人生當中的起起落落是誰都無法逃避的，雖然失敗讓人痛苦難當，但絕對不能輕易放棄，因為堅持不一定成功，但放棄一定失敗。也許只需要一點點堅持，就能迎來苦盡甘來的一天。馬雲曾說過：「在互聯網最不景氣的時候，我們在公司裡面講得最多的就是『活著』。我一直相信只要永不放棄，我們就還有機會。最後，我們還要堅信一點：只要有夢想，不斷努力，不斷學習，就會成功。不要在乎長相，男人的長相往往和他的才華成反比。今天很殘酷，明天更殘酷，後天很美好，但絕大部分人是死在明天晚上，所以每個人都要學會不放棄。」

◆不放棄，機會就在眼前

有時候，成功只需要一點點堅持，當你越困惑的時候，就是你快要取得成功的時候。永不放棄是一種可貴的精神，但同時也是最容易被大家忽略的一種素質，很多成功的企業家就是靠著長期堅持做一些平凡的事情，才漸漸成為眾人仰慕的對象。當然，這種素質不是與生俱來的，它需要長年累月的磨練

和累積。

馬雲那種永不放棄的精神在創業之前就已經表現得淋漓盡致，這就要說到他的三次高考。

人們對於木桶原理都不會陌生，木桶的最大容量不在於最長的木板有多長，而是取決於最短的木板。對於學生時代的馬雲來說，他的短板已經足以使整桶水漏光，這就是數學。第一次高考，馬雲的數學考出了一個驚天動地的成績——1分，全軍敗北。他對自己失去了信心，打算去做臨時工賺點小錢，於是和表弟一起去賓館應聘，結果卻因為身高問題而遭到了拒絕。後來，馬雲又歷經了幾番波折，做過祕書、搬運工，還蹬過三輪車，幫雜誌社送書。幾經輾轉，馬雲決定重新參加高考。他報了一個高考複讀班，每天過著三點一線的艱苦生活，十分刻苦。然而，幸運之神卻再次與馬雲擦肩而過，讓他馬失前蹄的還是數學，這一次他考了19分，總分和錄取分數相差整整140分，這樣的成績讓馬雲的父母都對他考大學不再抱有希望。

然而，永不放棄的馬雲卻不顧家人的反對，毅然決然地開始了他的第三次高考生涯。由於父母這次堅決不同意，他只好白天上班，晚上到夜校讀書。但即使是這樣，周圍的人對他也沒有一絲信心。就在高考的前三天，馬雲的數學老師對他說：「馬雲，你的數學成績一塌糊塗，這次只要你能及格，我的名字就倒著寫。」馬雲知道自己的數學底子薄，於是在考數學之前拚命地背公式，考試的時候就用這幾個公式套。從考場裡出來後，馬雲心裡清楚，雖然數學還是考不了高分，但及格一定沒問題。

在別人看來，79分或許不值一提，但對於馬雲來說，卻

「是運用了獨門武功才取得的」。不過，這次成績並沒有讓馬雲具備上大學本科的「資格」，他的成績只能上專科，離本科還差了5分。不過，或許應了那句「自助者天助」，由於招生名額不滿，他最終還是跌跌撞撞地進入了杭州師範學院本科，專業是英語。

◆永不言棄，打開成功大門的金鑰匙

馬雲說：如果說我成功了，深究原因，我覺得是永不放棄。永不放棄，體現了一種積極向上的人生態度，更體現了一種在逆境中絕地反擊的鋼鐵意志。它絕對是一個人走向成功的金鑰匙，當然也是馬雲打開阿里巴巴大門的鑰匙。

如今的馬雲是一個響徹二十一世紀的人物，是全中國最大的電子商務平臺的創辦人和首席執行長，是一個成功地打開了互聯網大門的企業家。然而，在這諸多輝煌背後，又有誰知道馬雲的創業生涯充滿了艱辛和坎坷？從杭州師範學院外語系畢業後，馬雲成為一名英語教師，六年後他決定下海經商。第一次創業馬雲成立了海博翻譯社，帶著和同事一起籌集的3,000元人民幣，他們先是租了一間房子。令他們沒有想到的是，光是房租就花去了他們一大半的資金，第一個月下來營業額還不到600元，工資完全沒有著落，入不敷出，虧得一場糊塗，他們不得不靠賣小商品來維持運轉，但他們依然沒放棄。

1995年，馬雲開始了第二次創業，做的是中國黃頁，這是一個需要依靠互聯網來完成的事業。認識互聯網是在美國，當時的中國對互聯網還很陌生，馬雲覺得這裡面大有商機，回國後就和朋友商量要建立一個網站。當時知道他要做互聯網的朋友一共有二十四個，結果有二十三個人反對，只有一人說：「要不你試試看，不行了再回來。」馬雲反覆思考了好幾天，最後下定決心做下去，他說：「如果你堅信，如果你覺得有機會，那就向前走。」為了讓更多人瞭解互聯網的功能，馬雲付出了巨大的心血，他出門逮著人就談互聯網，不屈不撓地做客戶的工作，在他的不懈努力下，中國第一個電子商務網站橫空出世。僅僅過了七年，會員就多達三百五十萬人，收入達到幾億元。

不過，馬雲沒有滿足於現有的成績，他又開始了第三次創業。這一次他創辦了在中國赫赫有名的阿里巴巴，馬雲當之無愧地成為中國電子商務平臺之父。而今，阿里巴巴的名聲已不亞於美國的「矽谷」，成為中國電子商務的標誌。

馬雲的人生哲學

「只要你有夢想，不放棄，你就永遠有希望和機會。」馬雲經常用這句話來激勵自己和員工。在他看來，「永不言棄」幾個字裡蘊藏著巨大的能量和希望，並昭示著成功和未來，是一個企業，甚至一個國家振興的傳家之寶。不論遭遇什麼困難，只要能以永不言敗的態度去對待它，就能攀登一個又一個的高峰。如今，永不放棄更是一種拚搏向上的精神，應予以發揚光大。

5 不要在乎別人說什麼

有人說，當一個人有一只手錶時，他能十分確切地知曉當時的時間，可如果他再多出一只手錶，反而不知道確切時間了，這被稱為手錶原理。其實對每個人來說，最大的痛苦莫過於缺乏主見所帶來的迷惑和茫然。

一個人如果沒有人生方向，就會被許多人牽著鼻子走。中國有句古話：人言可畏；還有句話：假作真時真亦假。如果把這兩句話結合起來，意思就是別人的言論是非常可怕的，它的威力足以顛覆真理。所以，當一個人認為自己所堅持的事情是正確的時候，就不要管別人怎麼說，太在乎他人的看法只會讓自己一事無成。

◆走自己的路，讓別人說去吧

作為一個萬眾矚目的公眾人物，馬雲和普通人不同的是，他是一個我行我素的人，從來不在乎別人對他的看法，是「走自己的路，讓別人去說吧」這一箴言最頑強的實踐者，他用這一原則使阿里巴巴創造了一個中國奇蹟。

馬雲十二歲開始學習英語，那個時候中國剛剛起步，英語還沒引起社會極大的關注，但馬雲卻十分喜歡。由於改革開放政策的實施，到杭州遊玩的外國人越來越多，為了提升自己的英語水準，馬雲一有機會便跑到大街上，拉著那些老外開練。當然，為此他也遭受了不少白眼，可他全然不在乎，這個不同意就找下一個。就這樣，雖然一天國門也沒出過，但馬雲卻練就了一口純正、流利的英語，這對他日後事業的蒸蒸日上不無幫助。1995年，馬雲憑著自己出色的英語水準給浙江省一個企業做翻譯，並得到了去美國的機會，在美國他聽說了互聯網這個詞語。從此，馬雲作為國內第一批投身互聯網的人，開始了他艱辛的創業生涯。他到處宣傳互聯網的功能及作用，但由於互聯網對國人來說還太遙遠，因此幾乎沒有人相信他，還有很多人誤以為他是一個大騙子。不過，這些困難都沒有摧毀馬雲的信心，他不顧別人的無意中傷，始終堅持走自己的路。終於，互聯網開始在國內以迅雷不及掩耳之勢蔓延開來，到1999年時，互聯網的各種概念已經充斥著人們的日常生活。

至今，當馬雲回想創業之初，還這樣說道：「1994年底的時候，就有人跟我講互聯網，可是我對它卻沒有一點概念，似懂非懂……但我感覺它肯定會影響整個世界，而中國那時還沒有互聯網，到底會怎麼樣，都是未知數。沒想到發展那麼快速，五年後能發展成這樣。」

後來，馬雲成功地將互聯網在中國運作起來，可就在事業如日中天的時候，他的舉動再一次讓眾人感到不解，那就是堅持B2B模式。大家都說他是瘋子，可就是這樣一個「瘋子」所做出的決定，讓阿里巴巴網站成為全中國最大的電子商務平臺，每天的營業額高達幾億元。馬雲說：從建立阿里巴巴網站的第一天起，我就致力於做B2B。雖然在外界有很多不同的概念，其他選擇也有不少，但阿里巴巴會一直沿著既定的方向往前走，不管外面如何變化，不管他人如何看待，阿里巴巴不會受到干擾。總之始終奉行一句話：走自己的路，用心去做。一個企業究竟是什麼樣的模式並不重要，重要的是要能不斷地證明、推廣和完善它。如今，馬雲又近乎「狂妄」地揚言，要把阿里巴巴做成世界前十名的網站，於是他又得到了一個稱呼——狂人。

馬雲認為，中國互聯網向來就缺少一種獨立精神，總是跟在大國的後面「人云亦云」，而阿里巴巴的獨特之處就在於「走自己的路」。雖然在IT界，馬雲經常被冠以「瘋」、「傻」的稱呼，並因此而名揚天下，但他十分驕傲地說道：「我就是特別喜歡又傻又天真的堅持自己的想法，然後又猛又持久的走自己的路。」也許，正是這種特殊的使命感與價值觀，才造就了一個令世人敬仰的商界傳奇。

◆人言可畏，不可盡信

只有做到不為別人的目光違背自己的心意，尊重自己特有的生活方式，才能達到快樂自在的人生狀態。

相信大家對下面這個故事一定不會陌生：

爺孫倆牽著一頭驢去趕集，剛開始爺爺心疼弱小的孫子，便讓孫子騎在驢身上，自己在路上走。路人看到後便紛紛說道：「這個小孩子真是不孝順，爺爺都這麼大歲數了，怎麼自己騎驢讓爺爺走路？」

爺孫倆聽到後，覺得人們說得有理，兩人便換了一下位置，爺爺騎在驢背上，孫子則在地上一路小跑。走著走著，路上的人們又開始竊竊私語：「這個人真是的，孫子還那麼小，怎麼一點都不知道愛惜呢？太不像話了！」

爺孫倆一聽又覺得有理，可是該怎麼辦呢？兩個人一商量，便決定都騎在驢身上，可是小小的驢根本無法承受兩個人的重量，還沒走多遠便累得氣喘噓噓了，一旁的路人紛紛指責道：「這爺孫倆實在沒有一點同情心，這驢子如此瘦小，怎經得起他兩人這麼折騰？把驢都壓壞啦！唉，這世道啊！」

爺孫倆這下可沒轍了，騎也不是，不騎也不是，到底該如何是好呢？最終，兩個人只好誰也不騎，牽著驢走在路上，結果更是招來了人們的笑話：「這兩個人真奇怪，明明牽著一頭驢，卻偏偏誰都不騎，你們說傻不傻呀？哈哈……」

這個故事其實就是為了告訴人們一個道理：不要太在乎別人的看法，否則只會擾亂自己的方寸，讓生活變得更加沉重。因為無論你怎麼做，都會有人不同意你的做法，既然無法滿足所有人的要求，那不妨就先滿足自己的要求。

太在乎別人看法的人，時常會丟了自己的意願，從而活在別人的標準裡，時時刻刻都在別人的評判裡尋找自身的價值。別人輕而易舉的一句詆毀，就足以摧毀他所有的自信。

馬雲的人生哲學

要不要做一件事，要看這件事在客觀上是否值得去做，以及自己的內心是否願意去做，而不是取決於別人的看法。一旦你認定了一條自認為正確的道路，就應該義無反顧地走下去，如果別人提出了不同的意見，可以將其作為參考，但絕對不能被別人牽著鼻子走。

6 豁達為人，寬容處世

據說，世界上最大的水利工程——三峽大壩全線建成後，參與工程建設的主要人員舉行了一場慶功宴。在舉杯歡慶的時刻，一個外國記者這樣問道：「在建造工程的過程中，誰的貢獻最大？」在場的著名水利工程學家潘家錚回答說：「反對三峽工程建設的人貢獻最大。」也許這個回答會讓提問的記者和在座的人一頭霧水，不過仔細想想，這句話卻不無道理。正是因為有了反對者的存在，才能讓人們始終保持著清醒理智的頭腦，保持豁達的胸襟，迸發出生命的潛能。無怪乎西方媒體會這樣評論：「是寬容鑄成了一座世界大壩！」

寬容者讓別人愉悅，自己也快樂；刻薄者讓別人痛苦，自己也難受。寬容和豁達，體現了一種淡定的從容，一種非凡的器度，一種高貴的修養，一種難能可貴的品德。它不僅僅是對人、對事的包容和接納，還是精神和心靈的成熟狀態。一個懂得寬容的人，不僅能讓自己感受到無限希望，同樣也會讓自己更加充實和快樂。

◆寬容處世，為自己贏得好人緣

生活中免不了要和他人打交道，而世事又不會總順著自己的心意，因此只能用寬容和豁達來平衡人際關係。只有在寬容和豁達當中，所有的糾葛、怨恨、偏見和不快才會煙消雲散。

馬雲從小俠肝義膽，小時候他經常為了朋友兩肋插刀，因此交友甚廣。而在他創業之後，那些他曾經幫助過的朋友也紛紛前來相助，成為他成功的重要助力。

馬雲還在上大三的時候，曾擔任過院學生會主席，經常為了同學們的事情而四處奔波。有一次，班上有個同學犯了一個錯誤，學院的領導研究後決定取消他參加研究生考試的資格，這讓那個同學後悔不已。雖然馬雲和那個同學並不十分熟悉，但得知他的專業成績相當不錯後，為他感到惋惜，於是馬雲熱心地對他說：「你先別著急，我去跟領導們說說看。」馬雲找到班主任、系領導、院領導，磨破嘴皮，足足花了兩天半的時間，終於為那位同學爭取到考試的資格。後來，那個同學也不負眾望，順利地考上了研究生。但是，對於馬雲的幫助，那個同學沒有一點感謝的言語，馬雲心裡有一絲隱痛。不過，隨著時間的流逝，他也漸漸淡忘了這件事。

1995年的一天，馬雲在深圳辦事，突然有個人來找他，激動地握著他的手說：「我聽到了你在深圳的消息，所以專門從廣州趕來看你。」原來，這個人就是馬雲當年幫助過的那個同學，現在他已經是一家外資公司的高層領導了。

俗話說：「處世讓一步為高。」用豁達和寬容處世是十分重要的，遇事存一分豁達，可以讓人們彼此認同和理解，也會讓通往成功的道路上少幾分障礙，多一些推動力。一個斤斤計較的人，永遠只能生活在雞毛蒜皮的鬥爭與掙扎中，讓他人受到攻擊，自己也難免會受到傷害。

◆豁達為人，給別人一條出路

說起豁達和寬容的巨大力量，人人皆知，但是真正做到卻很難。

我國古代著名的揚州八怪之一鄭板橋，不僅在書畫藝術上有頗高的造詣，他的寬闊胸襟和大度更是備受人們尊崇。有一次，鄭板橋從江蘇老家來到當時的繁華大都市蘇州，並在城東的桃花巷東頭開了一家畫室，以賣畫維生。湊巧的是，在桃花巷的西頭也有一間畫室，畫室的主人名叫呂子敬，在當地小有名氣。呂子敬十分擅長畫梅花，他的畫已經到了「出神入化」的地步，不過這個人非常自負，時常當眾自稱他畫的梅花「遠看花影動，近聞有花香」。

鄭板橋得知這一切之後，便只畫蘭花、翠竹、花鳥、蟲魚之類，從不描繪梅花。一次，有個從京城來的官吏酷愛字畫，當他看到鄭板橋那精湛的字畫時，非常欣賞。於是便請鄭板橋以「梅花幽谷獨自香」為題，為他畫一幅梅花圖，酬金是50兩銀子。不過，鄭板橋卻沒有被高價誘惑，他連忙推托道：「要說畫梅花，當屬呂子敬先生畫得好，他畫的梅花遠近聞名，可值百兩銀子。」於是，這個官吏就去了呂子敬的畫室。

後來，呂子敬聽說了這件事，更加自高自大，覺得自己的畫比鄭板橋的強多了，甚至在外人面前誇下海口：在蘇州城裡只要他說第二，就沒人敢排在第一。一些看不慣他的人，便將這番話帶到了鄭板橋那裡，不過鄭板橋並不計較，他只是一笑了之。就這樣，鄭板橋在蘇州待了三年，臨走時許多文人墨客前來相送，呂子敬也在其中。當著眾人的面，鄭板橋酣暢淋漓地畫了一幅氣韻不凡的梅花，並將其贈予呂子敬。呂子敬接過畫後，看得目瞪口呆，平時恃才傲物的他這才恍然大悟：「原來鄭兄始終不肯畫梅花，只是為了讓小弟保住飯碗，小弟為以前的言行感到十分慚愧。」

鄭板橋雖然技壓群雄，但他卻從不張揚，還時刻留給別人一個生存的空間，這種氣度和胸襟實在令人敬佩！馬雲的心態也與之相似，雖然阿里巴巴一天下來的利潤可能高達幾個億，但他從不以此炫耀。在他看來，他只是做了應該做的事情。

生活中我們更應該學會寬容，無論是對相左的意見，還是對充滿敵意的攻擊，豁達就是一種善意的包容，這種寬厚足以讓人馳騁天下。沒有了寬容，人生將會寸步難行。一個不懂得寬容的人，常常會因為生命的弦繃得太緊而體無完膚，給自己帶來許多無謂的衝突和不良的後果，長期下去，總有一天會因為承受不住這種巨大的壓力而斷裂。

馬雲的人生哲學

寬容和豁達，就是用一種博大的胸懷和善意的理解去看待各有缺點的他人，甚至是曾經傷害過自己的人們。這種魄力令人佩服，使人尊敬，也是人性中最高的境界之一。懂得寬容的人就像一道耀眼的光芒，不論身在何處，總是能聚集無數人的目光。這是一種仁愛的光芒，是對他人的釋懷，更是對自己的善待。

不要怕丟面子，有錯誤就要勇於承認

中國有句老話：死要面子活受罪。確實有一些人，他們把面子看得比命還重要，面子掛不住，便寢食難安。身分越高、權勢越大，越是在意自己的面子，即使做錯了事情，也要維護自己所謂的「尊嚴」，絕不會主動認錯。

雖然「我錯了」這三個字看起來十分簡單，可是要說出口卻不容易。敢於承認自己的錯誤，不僅能夠提高自己的信譽，更能平息旁人的怒氣，甚至化敵為友。

◆勇於承認錯誤，是智慧的表現

作為全國最大電子商務平臺的總裁，領導著幾千名員工，馬雲為公司的發展注入了太多心血，很多重大決策都是他獨自做出，且大多數被奉為圭臬。他對互聯網的感悟，對電子商務的看法，都很準確也很超前，這些一直是他令人敬佩的主要原因。俗話說：人非聖賢，孰能無過？不管馬雲的才能有多高，但他終究是一個凡夫俗子，難免也會犯錯誤。不過值得讚賞的是，他從不避諱先前所犯過的錯誤，從不把面子放在第一位，有了錯誤就承認。在阿里巴巴創辦初期，馬雲就曾有過一次重大的決策失誤，即由於過分追求國際化而過早實施海外擴張。

2000年，阿里巴巴成立還不到兩年，但卻被馬雲當作是拓展海外市場的關鍵一年。當年2月，馬雲率領著一隊人馬殺到了歐洲，並發出豪言壯語：「一個國家一個國家地殺過去，然後再殺到南美，殺到非洲。9月把旗幟插到紐約，插到華爾街上去，叫一聲『嘿！我們來了』！」然而到了9月，人們沒有看到阿里巴巴在華爾街高空飄揚的旗幟，反而聽到馬雲宣布：阿里巴巴進入高度危機狀態。

馬雲曾經說過，阿里巴巴從一開始就是一個國際化的公司，這一點是千真萬確的。正是因為國際化的定位，阿里巴巴也同步推出了英文網站，使其在國外迅速收穫了很多認可的聲音和榮譽，並得到了諸多海外媒體的關注，這對創立初期的阿里巴巴來說十分關鍵。在以後相當長一段時間裡，阿里巴巴都享受著國際化為它帶來的優勢。

為了適應國際化的要求，馬雲一開始就把總部設在香港、上海等大都市，在香港的公司總部陣容很快就發展到了幾十個人，還聚集了世界各地的高級人才。其中，有來自跨國公司的管理人才，也有畢業於海外著名大學的國際化人才，他們的年薪都高達六位數（美元）。同時，為了打造世界一流網站，馬雲又把阿里巴巴的伺服器和技術大本營都放在了美國矽谷，在美國技術型人才的人力成本自然又是一筆龐大的支出。此外，馬雲又相繼在英國和韓國設立辦事處，而臺灣、日本和澳大利亞的網站當時也在籌備當中，此時的他似乎被眼前勝利的假象沖昏了頭腦。就這樣，阿里巴巴拉開了向全世界進軍的陣勢。馬雲更說出了震驚四座的話語：「在公司的管理、資本的運用、全球的操作上，要毫不含糊地全盤西化……阿里巴巴要放眼世界、挑戰世界，真正打進全球市場。」

然而眾所周知，國際化不是一個隨意為之的戰略，它就像是一把雙刃劍，如果把握不好就會對企業造成傷害，任何一個企業如果想走國際化路線，都必須先打開本土市場，要有雄厚的資金和實力做後盾和鋪墊，而阿里巴巴過分、過早地追求國際化顯然違背了市場規律。當時的阿里巴巴還不具備走向世界的實力，它的擴張速度整整提前了五年，這一決策的失誤不僅使阿里巴巴浪費了許多寶貴的資金，還一度陷入絕境。

在阿里巴巴急於對外擴張的這段時間，所有網站每月的開銷都是天文數字，加起來幾乎每個月都要支出大約100萬美元。到2000年底互聯網泡沫破裂時，阿里巴巴的帳上只剩下700萬美元，按照當時花錢的速度，這個數字只夠維持公司半年的運轉。當互聯網冬天來臨時，所有風險投資商本來承諾的新投資全部都中斷，阿里巴巴近乎瘋狂的海外擴張不得不停了下來。後來，當馬雲回憶起這個錯誤的決策時，說道：「這一度的失敗一定是自己造成的，不是腦子發熱，就是腦子不熱，太冷了。」

好在阿里巴巴的海外擴張及時停了下來，好在馬雲認識到自己的錯誤，更好在他承認並且改正了錯誤，我們今天才能看到強大的阿里巴巴網站，一個讓所有中國人都為之驕傲的網站。

◆在錯誤面前，面子一文不值

作為一個備受關注的公眾人物，馬雲從來不為自己所犯的錯誤辯解，他也承認做企業犯錯誤是不可避免的，但這些錯誤不是垃圾，不能把它們扔掉，它們是一筆巨大的財富。每當別人問到在公司發展的過程中，有沒有出現過決策失誤時，馬雲都會毫不猶豫地回答說：「錯誤多了，在各個領域我們都做過愚蠢的事情。其中包括用人、資本、管理以及進入某個領域時用什麼產品……也許八年、十年以後我們能寫一本書，說說阿里巴巴犯過的錯誤。提起當初的錯誤，大家都相視而笑，說『慚愧，慚愧』。」

眾所周知，淘寶網是阿里巴巴的支柱產業之一，每天都有數不勝數的人在上面進行交易。2006年5月10日，經過深思熟慮和半年的研發，淘寶高調推出了競價排名服務「招財進寶」，這是一種增值服務，即淘寶買家出價買其中某一個關鍵字，並依據淘寶為其推廣帶來的成交效果，從而支付給淘寶網一定的服務費。同時，淘寶網還一再強調，之前在2005年10月做出的「繼續免費三年」的承諾依然有效，即淘寶網不會收取一般會員的店鋪費、登錄費和交易費，但網上還是有很多人不滿於「招財進寶」的「變相收費」規則，甚至因此引發了一場無形的「暴動」。

5月30日，「招財進寶」推出僅僅過了二十天，網上聯名抗議「招財進寶」的店主已經達到四萬名，而且他們抗議的帖子用詞相當激烈，還聲稱倘若淘寶網依然對此無動於衷，將會在6月1日集體「罷市」，將店中所有商品撤下，並取光支付寶帳戶中的資金。

作為「招財進寶」的主要策劃人，馬雲無論如何也沒有想到會是這樣的局面，但他也意識到「招財進寶」確實有許多不當之處。於是，在淘寶論壇上，馬雲以「風清揚」的ID發表了對網友的誠懇道歉，他這樣寫道：「我們的初衷絕對是好的，但是沒有想到事情搞得這麼大，我覺得我們確實有很多地方做得不夠好，產品本身也還不夠完善，溝通也不對，我在這裡再次向大家表示深深的歉意。」回憶起那天的情景，馬雲直到現在還感觸頗深，雖然打字並不快，但他並沒有讓助手代勞，而是自己一個字一個字地敲到了凌晨。可是，網友們的反對之聲卻沒有因此而停息。

最後，5月31日晚，淘寶網發出一個緊急通知，宣布從6月1日至6月10日，將實施「全民投票」，由淘寶用戶來決定是否保留「招財進寶」這一專案。在二十多萬的投票結果中，反對保留的人數占61%，有著絕對優勢，「招財進寶」匆忙退市。

自己的精心策劃，居然有這麼多人反對，最後不得不以退市收場。這樣的壓力並不是每個人都能坦然承受的，但是馬雲卻做到了。他沒有感到丟了面子，更沒有為了利潤而不顧群眾的呼聲，這份膽魄實在令人讚賞。

勇於承認錯誤，是負責任的表現，更是一種擔當，何來丟臉一說！如果你無意中犯下錯誤，但能夠及時承認，那麼大多數明白事理的人是不會苛責你的；相反，如果把錯誤推給別人，那你定會受到別人的譴責。

馬雲的人生哲學

勇於認錯的人，不僅不會被他人看不起，而且其背後還隱藏著深遠的智慧。多少夫妻之間的相濡以沫，多少同事之間的一團和氣，其實關鍵就在於雙方有了錯誤時能夠坦然承認並改正。這種有錯必糾的精神，是一種「知恥近乎勇」的表現，一定會受到人們的尊敬。

8 做事可以失敗，但做人不可以失敗

人的一生歸結起來，不外乎兩件事情：一件是做人，另一件便是做事，兩者密不可分，共同建構了我們精采的人生。做人主要是指潛心修練人們的人格和人品，另一方面則是指恰當地處理好人際關係；而做事主要包括自身的工作、處事及專業能力。一個人是否會做事、做人，決定了其能否獲得成功，這是一個無法迴避的根本性問題。

那麼，究竟做人和做事哪個更重要呢？答案是做人。雖然做事是人們立身成人的必要技能，人們的能力與價值通常也是通過做事體現出來的，一個人如果缺少了做事的能力，那麼做人也便失去了內涵。但是，按照人性本源與社會道德，如果一個人沒有做人的基本道德，那麼他所做的事情也將不會有任何實質性意義。他們只會弄虛作假、唯利是圖，以賺取高額利潤為目的，這種做事的非常手段所帶來的可怕後果，更是不言而喻。因此，做人是做事的根本，只有先學會了做人，才能將所做之事帶入正軌，從而為自己贏得良好的人際關係。

◆學會做人，懂得做事

一個人存活於世，就需要和各種各樣的人打交道，價值也得通過他人來體現，所以善於處理人際關係，是一個人基本的生存能力。一些人雖然每天勤勤懇懇地做事，卻無法和家人、朋友、同事等進行良好的溝通，自然也不能得到他人的賞識，更不會被社會所承認，這便是不會做人，或者說是做人的失敗所在。而有些人雖然能力一般，但其素養卻非同尋常，因此得到了廣泛的尊重和認可。

不少人都對「做人」一詞不屑一顧，認為人長大了自然就能學會做人，其實不然，世界上根本不存在「先成功後做人」的事例。作為一個在全世界享有較高知名度的企業家，馬雲自始至終都認為做人遠比做事重要得多。他覺得，要想把企業做好，就必須把基本禮節、敬業精神、待人接物都學得恰到好處，不要一上任就急於顯示自己的本領，或忙著把以前的企業領導的做法都推翻。馬雲曾有過非常知名的一句話：小企業家成功靠精明，中企業家成功靠管理，大企業家成功靠做人！這句話無疑使許多人都對企業家有了新的認識。

有一次，馬雲從紐約趕回北京，參加北京世界經濟論壇。那一次的經歷讓馬雲倍感難忘，用他自己的話就是「丟臉真是丟得一塌糊塗」。在那次會議上，一共有五個人上臺演講，但下面幾乎有一半聽眾不是在打電話，就是在聊天。上面說上面的，下面談下面的，完全沒有一次國際論壇的莊嚴和鄭重的氣氛。這件事讓馬雲在尷尬之餘也感觸頗深，為什麼中國的企業會出現這種情況呢？當然，臺上演講的企業家也十分難堪，馬雲覺得這不是文化的差異，而是不懂得尊重他人的表現。倘若中國企業家都是這樣的話，那麼以後還有誰樂意和中國的企業進行交流合作？因此，馬雲一直都在強調：無論是管理者還是普通員工，都應該先學會做人。

看來，企業家的成功不僅僅在於一流的管理才能，更離不開精湛的做人技巧，正所謂：一流的成功人士只做人不做事，二流的成功人士先做人再做事，三流的成功人士先做事後做人。

◆做人比做事更加重要

俗話說：小成靠智，大成靠德。學會做人和懂得做事，是一個人不斷完善自我的尺規，也是一個人走向成功的第一步！無論何時何地，做人都是第一位的，如果不會做人，那麼做出來的事就不是「人事」。

馬雲曾說過一句話，可能這句話得罪了許多當代的大學生：所有的大學生都是沒用的，所有的大學生都是一樣的。馬雲之所以能夠說出這樣「語不驚人死不休」的話，是因為他從不認為一個大學生的素質就一定比高中生強，有時候學歷並不能證明什麼，大學生只不過是比高中生多做了幾年模擬題而已。學校裡的考試是次要的，最重要的是能否在社會考試中交出一份滿意的答案卷，因為這張考卷難得多。因此，馬雲從來不看重學歷，他也一直都在教導員工做事之前一定要先學會做人，路是一步一步走出來的，千萬不能一葉障目。

一個人做錯了事情不要緊，因為他還有再來一百次，甚至一千次的機會，但如果做人失敗了，或許就再也不能鹹魚翻身了。正像馬雲所說的：「在阿里巴巴，許多錯誤都可以原諒，但唯有違反了價值觀的錯誤不可原諒。這是高壓線，誰碰誰死！」

中國有一句話說：天資好不如學問好，學問好不如做事好，做事好不如做人好。做事，說白了其實只是一種手段，只會埋頭做事的人，很可能到頭來摔得頭破血流。只有做好了人，才能有所進步和發展。誠然，也許當你試著去做人時，或多或少的會失去一些利益，但做人所產生的誠信以及誠信帶來的價值，遠遠大於前者。

馬雲的人生哲學

「做人」與「做事」是相得益彰的，但前提是人一定要做對，事一定要做到點子上。做對了人，才能找到合適的舞臺來發揮自己的才能，即把「能做事」與「會做人」有效地結合起來，憑藉自己獨特的人格魅力來征服周圍的人，為事業的如日中天創造條件，從而成就輝煌的人生。

第二章 創業哲學

——堅韌不拔，永不言棄

你可以失敗，但是你不能失去做人的執著。我不知道成功是什麼，但我知道什麼是失敗，失敗就是放棄。

——馬雲

只要再多一點點堅持，成功總會屬於你！態度決定一切！的確，當你在做某件事情之前，其實你已經知道了事情的結果。凡是成功的人，都有出人頭地的想法，都有強烈的成功慾望，加以堅持，就沒有什麼不可以。

1 強烈的慾望讓你戰勝矛盾和猶豫

成功源於慾望。成功最初僅僅是一個意念而已，如果連最初的意念都不存在，那又談何成功呢？決定成功的，不是才華，不是家境，更不是口頭的言論，而是一個人內心深處的慾望，一種實現目標、成為成功者的強烈慾望。強烈的願望使人施展全部的力量，盡力而為即是自我超越，意念比結果還重要。事實上，勝利與失敗之間的距離並不是人們想像的那麼大，僅僅一念之間。慾望可以使一個人的力量發揮到極限，也可以逼迫一個人獻出一切，排除成功過程中的所有障礙。成功者敢想，失敗者則不敢，邁向成功的第一步就需要想，需要慾望，需要樹立一個宏願：「我一定要成功！」這是邁向成功的起點。無數人之所以平庸、落魄，就是因為這個起點不存在。如果你想在某方面取得一定的成就，在你的內心深處，就一定要有一個這樣的想法：「我一定要成功！」

◆慾望是成功的原動力

也許你總是在想，為什麼成功離自己那麼遙遠？其實，成功與否取決於你是否有火一樣的激情投身於你最熱愛的事業中，是否有強烈的慾望填充你的心靈。一個人想要創業、想要成功需要強烈的慾望，這種慾望的強烈程度決定著你的人生是否會面對一次或多次轉折，強烈的慾望能讓你戰勝矛盾和猶豫。人生的改變需要付出代價，無論這種改變會帶你進入地獄還是天堂，無論結果是失敗還是成功，這種改變都需要十足的勇氣，需要十足的渴望，需要十足的激情。人的慾望能積聚成一種能量，這種力量可以改變一切。慾望有多大，就能克服多大的困難，就能戰勝多大的阻撓。

1995年初，馬雲受人之託，作為翻譯來到洛杉磯協助落實一個高速公路投資項目，但是最後卻沒有得到任何結果。之後，馬雲從洛杉磯飛到西雅圖找他的外教朋友比爾，熱中互聯網的比爾帶領馬雲去西雅圖的第一個ISP（網路服務供應商）公司VBN參觀了一番。就是這麼一個偶然的機會，讓馬雲感到了互聯網的神奇，他興奮地對VBN公司說：「你在美國負責技術，我到中國找客戶。咱們一起來做中國企業網站。」

馬雲從西雅圖回來之後，就立刻聯繫了二十四位朋友，他們都是馬雲在夜校教書時認識的外貿人士。馬雲對他們說：「我要辭職，幹Internet。」他開始宣講Internet的相關知識，講了整整兩個小時。說實在的，馬雲對IT一竅不通，講起互聯網就像癡人說夢一樣，他講得糊塗，大家聽得同樣糊塗。馬雲講完，朋友們問了五個問題，他都沒答上來。二十三位朋友反對馬雲的想法：「你好好地放著老師不當，去玩這個東西，腦袋是不是灌水了？你開酒吧，開飯店，辦個夜校，都行，就是幹這個不行。再說，你對電腦一竅不通怎麼去搞？」只有一個朋友說：「你要是真的想做的話，倒是可以試試看。」馬雲永遠也忘不了支持他的這唯一一票。

帶著這個強烈的願望，1995年3月，一個陽光明媚的日子，馬雲徑直走到了校長辦公室，心平氣和地對校長說：「我要辭職了。」儘管校長多次挽留，但馬雲為了他心中的Internet之夢，毅然告別了他曾經深愛著的講臺和他的學生。1995年4月，他去找了一個學自動化的「搭檔」，加上他的妻子張瑛，一共三個人，租了一個房間，交了租金以後，只剩下200元，他只好把家裡的家具都搬到辦公室裡，又借了點錢，就開始了他們的創業路。海博網絡，這就是馬雲的第一家互聯網公司，也是中國為數不多的第一批網路公司之一。當時多數國人尚不知互聯網為何物，即使從全球範圍來看，美國的尼葛洛龐帝剛剛寫完《數位化生存》，楊致遠剛剛創建雅虎，領潮流之先的中國科學院也剛剛開通互聯網。在這種情況下，創業路上的艱辛恐怕只有馬雲自己才知道。但是，在內心慾望的推動下，他硬是一步步地走了過來，

著名黑人領袖馬丁·路德·金說過：「世界上的每一件事都是抱著希望而做成的。」是的，你的慾望有多麼強烈，就能爆發出多大的力量。當你有足夠強烈的慾望去改變自己命運的時候，所有的困難、挫折、阻撓都會為你讓路。如果有人問，成功的原動力是什麼？那麼，馬雲的事蹟向你證明了：第一是慾望，第二是慾望，第三還是慾望。

◆點燃你的慾望

追求以及實現自我價值需要一個強烈的願望為支點，只要你能明確這一支點，並堅信能做到，就一定能到達勝利的彼岸。

有一位年輕人，一心想要成功，幹一番大事業，可一直找不到成功的方法，於是向大哲學家蘇格拉底求教。蘇格拉底答

應了這個年輕人的請求，並要他第二天早晨去河邊見他。第二天，他們見面了。可剛一見面，蘇格拉底「噗通」一下就跳到河裡去了。年輕人一臉迷茫：難道大師要我學游泳？看到大師在向自己招手，年輕人也就稀里糊塗跳進河裡。沒想到，當他一跳下去，蘇格拉底立即用力將他的腦袋按進水裡。年輕人用力掙扎，腦袋剛出水面，蘇格拉底再次用更大的力氣將他按進水裡。年輕人拚命掙扎，沒想到蘇格拉底又第三次死死地將他按進水裡……最後年輕人用盡全身力氣拚命掙扎，不顧一切地爬上了岸，驚魂未定地指著還在水裡的蘇格拉底說：「大師，你這是什麼意思？你到底想幹什麼？」蘇格拉底說：「這就是成功的祕訣。當你渴望成功的慾望像剛才求生的慾望那樣強烈時，你就會成功。此外，再沒有什麼秘訣。」年輕人頓時明白了一切。

慾望在人的意識中發揮著強大的作用，一種強烈的慾望是所有成就的起點。正如小火星不能散發出太多的熱量一樣，微弱的慾望也不可能產生很大的效應。馬雲正是明白了這個道理，才有了現在的成功。如果當初他沒有那種強烈的慾望，就不會有今天的輝煌。

馬雲的成功對我們的啟示是：要成功，必須有強烈的慾望，就像求生慾望那般強烈。世界永遠會把目光聚焦在成功者身上，這是不容置疑的事實。因此，請點燃你的慾望，然後用生命的全部能量大聲吶喊：「我要成功，我一定要成功！」只要你發自內心的吶喊，這個世界就會被你震撼。

馬雲的人生哲學

你必須要，一定要，全力以赴地要！否則，你只有挑別人剩下的。不想要或想要而慾望不夠強烈，是人們不能成功的重要緣由。如果你「一定要」得到什麼，甘願為之奮鬥，甘願為之日夜工作，甘願為之寢食不安；如果這慾望令你發狂，令其他東西在你眼中黯然失色；如果生活缺少它就一片空白；如果你樂於為它揮汗、焦慮、籌劃，不畏懼任何人；如果你去追求它，用上全部的力量、才幹和睿智，滿懷所有的希望、信念和執著；如果你願意用整個生命做賭注，那麼你一定能得到它！人的慾望越強烈，目標謀取就越靠近，正如同弓拉得越滿，箭就飛得越遠一樣。

九十九次的失敗換來一次成功

馬克・吐溫曾說：「人生在世，絕不可能事事如願。反之，遇見了什麼失望的事情，你也不必灰心喪氣。你應當下定決心，想法子爭回這口氣才對。」是啊！在人生的道路上總會遇到各種各樣的失敗，明智的人絕不會因此而哀嘆，他們會在失敗的經驗中總結出成功的方法。

成功是每個人終其一生所追求的，而失敗則是許多人所恐懼的。所謂「失敗是成功之母」告訴我們：在每個人的生活中，成功往往是在一次或幾次的失敗後獲得的，而失敗則是一種清醒劑，它督促人們獲得更大的成功，一件事情的成功很有可能需要無數次的失敗。

◆在失敗後，不要自暴自棄

生活中常常聽到「萬事如意」、「一帆風順」的祝福，可現實中，卻沒有一個人的人生是萬事如意、一帆風順的。每一個人都希望自己能夠成功，而不願遭受失敗。很多人在失敗後都灰心、氣餒，殊不知真正的成功是建立在失敗基礎上的。我們需要在失敗中，甚至是無數次的失敗中總結經驗教訓，從而逐步走向成功。

人們都知道馬雲在中國是一個響噹噹的人物，作為阿里巴巴集團的主要創辦人之一，他在開始創業的時候並不是一帆風順的，他的成功來自於一次又一次的失敗，是從充滿曲折和艱辛的道路中走過來的。馬雲大學畢業後，在杭州電子工業學院教英語。其間，和朋友成立了杭州首家外文翻譯社。因精通英語被邀請赴美做商業談判的翻譯，馬雲隻身來到美國，在西雅圖，他第一次接觸到互聯網。1995年回國後，對電腦一竅不通的馬雲決定辭職創辦中國第一家互聯網商業網站——中國黃頁。在他的二十四位朋友中，二十三個人都說這行不通，但馬雲抱著就算是失敗也要試一試、闖一闖的態度，堅持自己的想法。因為你如果不做，就永遠不可能有新的發展。於是馬雲利用2萬元啟動資金，用租來的一間房作為辦公室，一家電腦公司就這樣成立了。在當時的中國，懂互聯網的人少之又少，幾乎沒有人相信他。但馬雲仍然像瘋子一樣不屈不撓，逐個企業上門推銷自己的業務。終於隨著互聯網的正式開通，業務量有所增加。

1997年底，馬雲帶著自己的團隊上北京，創辦了一系列貿易網站。但由於互聯網的飛速發展，創業之路並不是一帆風順。1999年，馬雲決定離開「中國黃頁」，南歸杭州，以50萬元人民幣開始第二次創業，建立阿里巴巴網站。當時正值中國互聯網最興旺的時期，新浪、搜狐應運而生，許多網站紛紛易幟或轉向簡訊、網路遊戲業務，馬雲仍然堅守在電子商務領域。由於阿里巴巴困難依舊，為了節約費用，公司就安在他的家裡，員工每月只能拿500元工資，累了就在地上的睡袋裡睡一會兒。可由於沒有找到合適的道路，幾年內公司不僅沒有收入，還背負著龐大的營運費用。2001年，互聯網行業跌入谷底，不少公司因此倒閉，但馬雲依然堅持著，到了年底，阿里巴巴不僅奇蹟般地活了下來，還實現了獲利。

創業的失敗曾使馬雲幾度苦惱。當時，他甚至懷疑過自己是不是選錯了路，但最終他並沒有因為失敗而放棄，依然堅持走在這條艱辛的創業路上。就如他所說：「從創業的第一天起，你每天要面對的就是困難和失敗，而不是成功。」他的經歷讓我們認識到，遭受失敗並不可怕，可怕的是沒有戰勝失敗的勇氣。失敗後自暴自棄的人，注定不會有所成就。

◆無數的失敗成就最後的成功

成功來自堅持。一個人的成功與堅持絕對脫不了關係，如果想要成就某件事情，就應該堅持不懈。綜觀古今中外的成功人士，他們無不是在失敗數次之後重新站起來，才得以成功的。

一位成功者曾說：其實90%的失敗者不是被打敗的，而是因為自己放棄了成功的希望。實際上，成功者與失敗者之間的差別就在於堅持，失敗後不要放棄努力，因為成功往往在無數次的失敗後才會到來。不能堅持只會失敗，而九十九次的失敗換來一次巨大的成功是值得的。失敗是無價之寶，懂得在失敗後堅持的人，便可以因此而孕育出最終的成功。

2003年，阿里巴巴終於拓展了自己的業務，進入了全球商務的高端領域，而今天阿里巴巴上的商人達到兩百四十萬。馬雲能有今天的成就，最大的原因就在於他的堅持：在失敗後一次次地站起來，在八年時間裡使資本額僅50萬元的小企業，一舉成為中國最高市值的互聯網公司。

如今的阿里巴巴管理階層，絕對算得上是超豪華陣容。

成功投資了雅虎網站的「全球互聯網投資皇帝」、日本軟銀公司的董事長孫正義與前世界貿易組織總幹事薩瑟蘭已是他的顧問。在這裡還聚集了十六個國家和地區的網路精英，同時越來越多畢業於哈佛大學、史丹福大學、耶魯大學的優秀人才也不斷湧進阿里巴巴。試想，如果沒有馬雲當初在無數次失敗後的堅持，怎麼會有今天的成就？

從對互聯網一竅不通再到創辦阿里巴巴網站，馬雲雖然經歷了無數次的失敗，但最終還是成功了。事實證明，無論做什麼事情，要取得成功就不能懼怕失敗，因為成功的背後是無數次的失敗。一位偉人曾說：「世上無難事，只要肯攀登。」只要不放棄，就一定會獲得最後的成功。的確，堅持一刻並不困難，困難的是在無數次的失敗後長時間地堅持下去，直到最後的成功。

馬雲的人生哲學

在生活中，每個人都會經歷無數次的失敗，但在失敗之後，你是否選擇了堅持？真正的人生是在失敗與逆境中度過的，在面對失敗時，如果選擇堅持向前衝，那麼你就一定會成為最後的勝利者，你的人生也會因此而輝煌。一次的失敗並不意味著永遠的失敗，曾經達不到的目標也並不意味著永遠達不到，每個人都有成功的機會，只要你在失敗後多堅持一次，再奮力一搏，也許成功就會向你走來，失敗就會向你低頭。

3 非專注無以作為

愛迪生說：「要有身體與心智的能量鍥而不捨地運用在同一件事情上而不會厭倦的能力……一個人整天都在做事，晚上十一點睡覺，他工作了整整十六個小時。唯一的問題是，他做很多很多事，而我只做一件。假如他將這些時間運用在一個方向、一個目的上，他就會成功。」是的，許多人之所以失敗，在於他們總是三心二意、朝三暮四，在面對許多誘惑的時候，他們總是不能做到心無旁騖，終將一無所獲，這是成功的大忌！成就一番事業，所需的素質是多方面的，而其中很重要的一點就是專心，又稱專注。專注來自於對目標的專一，專一才會集中精力、體力，以掘地三尺之勢向目標靠近。

在這個迅速發展的社會，無時無刻不存在誘惑。誘惑就像攀附樹幹的藤蔓一樣，糾纏於人和企業的成長過程中，永遠無法擺脫。面對誘惑，最有效的抵禦方法就是專注，以專注明辨是非，以專注堅定信念，以專注創造奇蹟。

◆因為專注，所以成功

馬雲說：「人要有專注的東西，如果遇到困難就更換目標，我就拿你沒辦法。」「三天打魚，兩天曬網」的人，是永遠與成功無緣的。

當馬雲被問到為何阿里巴巴和淘寶網能做得那麼好時，他如是說：「因為我們一直對電子商務很專注。」在2007年的一個新聞發布會上，記者問馬雲阿里巴巴下一步的戰略重點，馬雲回應：「阿里巴巴下一步的戰略方向是電子商務，永遠是電子商務、電子商務、電子商務……」對於阿里巴巴是否會做入口網站或即時通，馬雲說：「至少我們現在是在做電子商務，我們所做的一切事情都是為了電子商務，電子商務需要的一切事情我們都會做。」雖然阿里巴巴上市得到了股民的熱烈追捧，但馬雲一直認為，無論現在的股票價格多高、市值多高，阿里巴巴都只是個小公司，只有八歲而已，未來不會因為壓力而改變策略，還會一如既往地發展中國電子商務的基礎建設。無疑，阿里巴巴是這個世界上最專注於電子商務的團隊，而且他們一直在努力讓世界走得更近。

當一個企業專注於某個行業，並做到行業第一的時候，那時想不賺錢都難。所以，一個企業應該專注於它所擅長的行業，馬雲就是這樣的一個人。

其實人與人之間的天分和才能相差無幾，最大區別在於人們對待事情的態度。相信「猴子掰包穀」這個寓言故事大家都聽說過，說的是猴子在地裡掰包穀，剛掰下一個，覺得前面的更好，就扔下手裡的去掰另一個。另一個到手，覺得還有更好的，又扔掉去掰那個「更好的」。如此反覆，不知不覺走到包穀地的盡頭，天色已晚，只得慌慌張張隨便掰一個，回去一看，卻是個爛包穀，於是只好餓著肚子入睡了。一直以來，人們都覺得這個猴子太傻，其實猴子犯傻不是智力問題，而是心態問題，牠太浮躁了。由此看來，三心二意的人永遠都得不到最好的結果，只有一心一意的人才能品嘗到最甜的果實。

當你以百分之一百二十的心力專注於自己所做的事情的時

候，成功便離你不遠了！

◆成也專注，敗也專注

一個人沒有專注精神，就不能腳踏實地的做好每一件事情。可生活中偏偏有這樣一些人，他們懷有雄心壯志，任何事情都想做到完美無缺，結果卻一件事情都做不好，想要面面俱到，卻是全面崩塌。

綜觀中國IT行業的發展歷程，你會發現：大部分企業在剛剛步入市場的時候，目標都是專門針對某塊細分市場。例如，第九城市以入口網站發跡，盛大靠代理《傳奇》成功，他們在一開始都只專注於自己的領域，並且都取得了相當不錯的業績。然而兩家企業的發展很令人玩味：第九城市立足於入口網站營運網遊（網路遊戲），盛大則在稱霸中國網遊市場後開始收購新浪、起點等網站，兩者開始向著對方的領域擴張。擴大自己的營業範圍無疑是很多企業採用的做法，多元發展可以為企業帶來更大的騰挪空間，資金、物流等的周轉也有了很大便利。但是他們曾經十分專注的領域，又發展得如何呢？第九城市的網站仍然比不上新浪、網易，盛大的網遊霸主地位也已經搖搖欲墜，雖然他們的觸角伸得很遠，覆蓋面很大，但在其各自最重要的領域內，卻缺乏一種專注精神，致使他們一直處在行業的最低處，永遠無法達到成功的巔峰。與他們相反的是，馬雲從創立阿里巴巴開始，就一心一意專注於電子商務，因此，很快便取得了巨大的成績。

專心把一件事情做好，就能有所收益，突破人生困境。

反之，一個人若注意力不集中，對瑣事過於關心，就會白白消耗精力，只能落個兩手空空。專注是一個人表現出來的一種素質、一種能力，體現著一個人為人處事的態度和風格。一件事如果是自己主動承擔的，這就意味著你要專心盡力地做好，否則就有愧於心。如果事情本就是自己的責任，你更要摒除雜念，力求完美。三心二意、心不在焉、敷衍塞責、心浮氣躁，無不暴露出心智的殘缺。

做事情要專注，哪怕是一件小事，只要專心鑽研也很有可能成功。很多經驗表明，對一件事情，專注一時者眾，而始終專注者寡。大部分人都很難長時間地保持對一件事情的興趣和追求，經不起時間的考驗，所以也就很難做大事。古今中外，任何一個成功者的背後，都有著堅持不懈的執著追求和艱苦勞動。齊白石專注於畫蝦，畫出的蝦才能栩栩如生；徐悲鴻專注於畫馬，畫出的馬才能呼之欲出；愛因斯坦專注於思考，才有了「相對論」……如果他們沒有專注，或許今天歷史上就不會出現他們的名字。不過，值得一提的是，專注也是有前提的，這就是確立的奮鬥目標必須符合實際、符合科學規律。否則，就是再專注、再努力，也不可能成功。

馬雲的人生哲學

古訓說得好：「慾多則心散，心散則志衰，志衰則思不達。」人的精力畢竟有限，往往窮盡全力也難以掘得真金。世界上最大的浪費，就是把寶貴的精力無謂地分散在許多事情上。

在有限的生命中，能夠專注於一個專業，朝著一個目標做精、做深是最好的選擇，只有這樣，才能成功。專注者尤其要保持一顆超然之心。要知道，既已選擇了專注，就要淡然名利，要在知道自己擅長什麼、能做什麼、做什麼最好的前提下，保持始終如一的專注。要堅信：「頑強的毅力可以征服世界上任何一座高峰。」

4 心有多大，舞臺就有多大

2003年，隨著中央電視臺廣告部一支形象廣告片的播放，「心有多大，舞臺就有多大」這一廣告語廣為流傳，成為當年最流行的廣告詞，很多人把它作為座右銘以不斷激勵自己。是的，人的潛能是巨大的，只有在不相信自己的時候，你的能力才會被埋藏。成功者沒有三頭六臂，智力也和普通人相差無幾，重要的是他們相信自己：我可以做到！於是潛能終被挖掘出來。所以，只要想得到，就一定能做到。

夢想造就成功的人生，一個人的成功，一半來自於他的自信，一半來自於他的夢想。沒有夢想，一切努力都是徒然。若不是古人嚮往飛翔，或許就沒有今天的飛機；若不是人們對外太空的遐想，月球永遠是可望而不可即。所以，一定要擁有自己的夢想，才能在激情中行動。夢想是人生「永遠脫不掉的紅舞鞋」。因為有夢，我們才去挑戰極限，完成不可能完成的任務，不斷把自己拋向絕境，又在絕境中逢生，在極限裡超越，享受那稍縱即逝的巔峰體驗。只要努力，所有的夢想就會變成現實。

◆只有想不到，沒有做不到

在遇到困難時說「不可能」似乎是人類的天性。不可能，不可能，總是不可能。實際上，突破不可能時時刻刻都在上演。所有人都說火車不可能替代馬車，飛機不可能飛躍大西洋……可如今，環顧四周，所有事物都出自人類的想像——冰箱、鋼筆、太空船、飛機、電腦、微創手術、生物技術……只要你敢想敢做，就一定會有所突破。「不可能」只是弱者的藉口，「沒有不可能」才是強者的格言。你要想成為強者，就永遠不要消極地認定有什麼不可能的事，首先你要堅信你能，然後再去不斷嘗試，最後你會發現你確實能。因為在這個世界上，只有想不到的事情，沒有做不到的事情。

當馬雲說要在五年內讓阿里巴巴打入世界互聯網十強時，所有人都認為他是在癡人說夢，那麼小的一個公司，居然想成為世界互聯網十強！2002年底，互聯網的冬天剛過，馬雲提出，阿里巴巴2003年將實現獲利1億元，這在當時是不可思議的；在2003年公司年終會議上，馬雲又有了新的夢想，他提出，2004年實現每天獲利100萬元；2005年，當他又提出實現當年每天繳稅100萬元時，又有許多人認為不可能實現。但這些夢想後來都被證明並非遙不可及，而是可以觸摸和實現的。馬雲每提出一個目標，都會招致諸多的懷疑和反對。但馬雲就像一個神奇的造夢者，每一個當初看似不可能實現的夢想後來都一一變成了現實。以致後來，當馬雲提出打造能活一百零二年的企業、創造一百萬個就業機會、十年內把「阿里巴巴」打造成世界三大互聯網公司之一和世界五百強企業之一、「淘寶網」交易總額超過沃爾瑪等夢想時，已經很少有人再吃驚或者懷疑了，並且人們相信，實現這些夢想並不需要很長的時間。

孫中山先生說：「人類因夢想而偉大。」是啊！正是因為夢想，馬雲這匹馬才能跑得更快、更遠。與其說馬雲是一個企業家，不如說他是一個「造夢人」。他是一個激情四射的創業者，是一個偉大理想的佈道者，是一個輝煌夢想的鼓吹者。馬雲用活生生的事實證明了一個道理：夢想有多遠，我們就能走多遠；一個人的心有多大，舞臺就有多大。所以，請你牢牢抓住夢想，因為倘若夢想消逝，人就如折翼之鳥，再也無法展翅高飛；請你牢牢抓住夢想，因為夢想離去時，人生就如荒蕪之地，覆蓋著嚴寒冰雪。只有打開夢想的翅膀，才能翱翔於生命的藍天。

拿破崙曾經說過一句話：「在我的字典裡，沒有『不可能』這幾個字。世界上所有的計畫、目標和成就，都是經過思考後的產物。你的思考能力，是你唯一能完全控制的東西，你可以用智慧或愚蠢的方式運用你的思想，但無論你如何運用它，它都會顯示出一定的力量。」

所以，千萬不要對自己說「不可能」，一個成功者的一生，必定是與風險和艱難拚搏的一生，很多看似不可能的事，只要你敢想敢做，就一定能做到。當你在某一時刻突然有了一個奇妙的創意時，應立即去做，不要拖延，如果不加以實施，那你的創意就等於零。在世界上沒有什麼做不到的事情，只有想不到的；只要你能想到，並下定決心去做，相信你就一定能做到。

◆敢想敢做才能實現夢想

登上橡樹之頂的方法有兩種：一是坐在橡樹下等待機會的來臨；二是爬上去。有的人敢想而不去付諸行動；有的人則敢想敢做，只要自認為是正確的，就會堅定信念，勇往直前。成功，當然屬於後者。一個好的想法好比一朵花，雖然花瓣香而豔麗，但因為沒有結果，凋謝後卻不留下種子。只有理論而沒有實踐，同樣一無所有。世界上許多成功人士都具備敢想敢做的精神，因為他們知道，只有把正確的想法付諸行動，才能得到自己想要的東西，才能接近真理。

其實馬雲並不像媒體報導的那樣傳奇、那樣狂妄，他只是敢想別人所不敢想，敢做別人所不敢做，並且敢於堅持自己的夢想而已。阿里巴巴這個名字的來源很有趣：有一次，馬雲在美國的一個咖啡館小坐，服務小姐過來，他問：「你知道阿里巴巴嗎？」小姐回答：「知道，就是芝麻開門。」後來他又跑到大街上問了黑人、白人、黃種人……他發現大部分人都聽說過阿里巴巴。於是，阿里巴巴就成了公司的名字。如果換作別人，絕不會有勇氣到大街上問「各色人等」是否聽說過阿里巴巴。敢想敢做讓阿里巴巴迅速走進了每一個人的生活。當有人問到馬雲的成功應該感謝誰時，他說最應該感謝的就是自己的腦袋，抓住了互聯網的機遇，造就了所向披靡的阿里巴巴網站。如果你能像馬雲一樣敢想、敢說、敢做、敢為天下先，那你也可以建構自己的「阿里巴巴帝國」。

敢想、敢做是成功的前提。敢想就是要樹立目標，有理想，有廣闊的視野和遠見。一個人「站不高就看不遠」。如果沒有遠大的理想，是很難成就大事的。敢做，就是要把自己的想法付諸實施，在行動中提高和改進。一個人只想卻不行動，就永遠達不到目的。成功在於夢想，更在於行動。其實，相對於付諸行動來說，制訂目標更容易。許多人都為自己制訂了人生目標，從這一點上說似乎人人都是一個戰略家。但是，很多人制訂了目標之後卻沒有落實，不採取行動，結果到頭來仍是一事無成。有想法更要有做法，如果只知空想而沒有任何行動，那想法永遠只是個想法，不可能成為事實，夢想成真的關鍵就在：是否有敢於行動的勇氣。

馬雲的人生哲學

生活中要有夢想，夢想是我們成功的導航器，一個人若沒有夢想，就像一艘輪船沒有舵一樣，只能隨波逐流，最終擱淺在絕望、失敗、消沉的沙灘上。夢想有多遠，幸福就有多長。有夢想就會有希望，人不是生來就要被打敗的，只要你有勇氣，人窮志不窮，哪怕你現在一無所有，只要努力奮鬥，一切都會有的。夢想是美好的，奮鬥更重要，要實現夢想就必須辛勤付出，無論在何種處境下都不要關閉夢想的大門。

5 適時出擊，過時不候

很多創業者常常苦於機遇的難得，或者是好不容易遇到一個機會，又因為優柔寡斷而與之失之交臂。創業的機遇真的很難抓住嗎？其實不然。機會對於每個人來說都是平等的，但每當機會來臨時，又絕對不可能平均分配，這是事物發展的規律。所以，在機遇到來時，必須抓住機會，適時出擊，絕不能讓機會從身邊溜走。人的一生當中，真正適合自己的機會其實並不多，錯過一次，便錯過了一次提升自己的轉機，當所有的機會都被你在蹉跎中錯過時，結果可想而知！在經濟高速發展的今天，競爭和機遇是並存的，只有當機立斷，你才能在高手如林的競爭中永立不敗之地。

每個人都有自己的理想和目標，都希望自己的價值能實現。其實，要想實現這一切也很簡單，關鍵是你要敢於伸出雙手，抓住機遇；敢於邁出雙腳，迅速行動。很多人因為猶豫不決，錯失良機，只能暗自懊惱。機遇來臨，就要迅速行動，在它溜走之前採取行動，那麼，幸運之神就會降臨。

◆適時出擊，抓住機會

有的人因為抓住了機遇而「柳暗花明」，從而摘取了成功的桂冠；而有的人因為與機遇擦肩而過，從而「山窮水盡」，遺憾終身。人生就是這樣，誰抓住了機遇，誰就搶占了先機，成功的大門就向誰敞開。機不可失，時不再來。機會是可遇而不可求的，往往只有目光敏銳、勇敢果斷的人才能獲得它，抓住它。當機會來臨的時候，一定要適時出擊，絕不放過任何一次機會。

很早以前，有一個人看到天空中有一隻大雁，他一邊準備拉弓射雁，一邊嘴裡念叨著：「射下這隻雁回去煮著吃。」他弟弟聽到後固執地說：「雛雁應該煮著吃，長大的雁應該烤著吃才行。」弟兄倆爭執得不可開交，都向母親告狀。母親協調說：「把雁分開，一半煮著吃，一半烤著吃。」等他們再去射雁時，那隻雁早已飛得不知去向。

機會只有一次，稍縱即逝，懂得這個道理的馬雲從不讓機會打身邊溜走。2005年8月10日，阿里巴巴與雅虎在北京簽署合作協議。阿里巴巴收購雅虎中國全部資產，還獲得了雅虎品牌在中國的無限期使用權。這一系列事件中，馬雲的決斷無疑成為業界關注的焦點。對此，馬雲說：「這是個非常難得的機會，不抓住會終身遺憾，何況我已經等了七年！」不僅如此，馬雲又在當年10月宣布淘寶網將不惜10億元人民幣成本再免費三年，欲以免費的行銷策略來圈得更多用戶。這一舉動更是為馬雲帶來了巨大的經濟效益。馬雲說：「適時出擊很重要，我練過太極拳，太極拳要求專注，別看繞來繞去，其實瞄準的都只是一個點。所以在金庸小說裡，我特別欣賞黃藥師出場的畫面。所有人都不怎麼在意這個老頭，在沒有提防時，黃藥師突然一招將頂級高手扔到了河裡，所以選擇什麼時候出手很重要。」

許多人在走到生命盡頭時，常常感慨如果有第二次選擇的機會，自己一定會更加努力，更加珍惜選擇的機會，更加珍愛生命。可惜，生命不能重來。其實，每個人的生活每時每刻都充滿了機會。你在學校裡的每一堂課是一次機會；每一次考試是一次機會；每一個醫生對於病人都是一個機會；每一篇發表在報紙上的報導是一次機會；每一個客戶是一個機會；每一次商業買賣是一次機會……你所要做的就是在機會來臨之時，適時出擊，抓住它。

◆機不可失，時不再來

羅曼·羅蘭說：「如果有人錯過機會，多半不是機會沒有到來，而是因為等待機會者沒有看見機會到來，而且機會來時，沒有一伸手就抓住它。」如果是機遇沒有光顧你，或許還可以藉眼力尚淺而自我解嘲；如果機遇已經叩響了你的大門，卻因為你的遲緩和徘徊而與之失之交臂，那就悔之晚矣！要明白，機不可失，時不再來。

美國有一家石油公司破產後，所有的職工都失業了，其中有一名員工叫約翰，失業後因為失去了所有的經濟來源，心情極度沮喪，對生活也失去了信心。

有一天，他在家裡無所事事，偶然間他發現自行研製的石油探測器閃起了紅光，並不停地發出叫聲。他非常好奇，一看，指針正指向一座城市，顯示螢幕告訴他，這座城市有豐富的石油資源。

可是，心情極度沮喪的他卻怎麼也不相信這是事實。於是，他認為這只是探測器故障了，沒有去理會。到了第二天早上，這個探測器還在不停地發出警告。他突然靈光一閃，心想：反正在家也是閒著，不如去那裡看一看，只當是旅遊散心。

到達目的地後，讓他感到吃驚的是，那裡真的有好多石油！

回去之後，他開始精心策劃自己的創業生涯，並最終取得了巨大的財富。

「機不可失，時不再來」對於企業有著非常重要的意義。市場競爭已經使各行各業的利潤空間越來越小，只有把握難得的機會，盡量爭取利潤最大化，才能使企業得以生存和發展。

2003年，中國遭遇了突如其來的“SARS”，很多人被迫待在家裡，人們的出行和購物受到了很大的限制，為滿足自己的需求，很多人選擇了網上購物這一途徑。在這危險時刻，雖然阿里巴巴的辦公場所也被隔離，但馬雲卻克服重重困難，讓公司的業務照常進行，也使電子商務發揮了它潛在的巨大能量，成功地將這次「災難」變成了機遇。從2003年3月開始，阿里巴巴每天新增會員3,500人，比上一季成長50%，而大量的老會員也強化了網上交易的頻率和程度；每日發布的新增商業機會數達到9,000至12,000條，比2002年成長了三倍；國際採購商對商業機會的回饋數比上一季成長一倍，對三十種中國熱門商品的檢索數成長四倍；中國供應商客戶數比2002年同期成長兩倍；每月有一億八千五百萬人次瀏覽，二百四十多萬個買賣詢盤（回饋）；來自全球的三十八萬專業買家和一百九十萬會員通過阿里巴巴來尋找商機和進行各種交易。據有關數據統計，阿里巴巴的業務量在“SARS”期間成長了六倍，也就是在這一年，抓住了機遇的阿里巴巴實現了每天收入100萬元；2004年，阿里巴巴又實現了每天利潤100萬元。

愚者錯失機會，智者善抓機會。在“SARS”帶來的危機給許多企業造成衝擊的時候，本來陷於完全被動局面的阿里巴巴，卻把它轉化為一次機遇，並取得了意想不到的成功。抓住了機會，成功就是這麼簡單。

機遇，是一個成功的不等式，它讓一切不可能變成了可能。小溪抓住了源頭活水的機遇，成為了大澤；種子抓住了土地肥沃的機遇，成為了參天大樹；人類抓住了火種的機遇，成為了世界的主宰。抓住機遇，就可以努力創造成功了。一個好的機遇等於成功的一半，認真做好準備，抓住從你身邊溜過的每一個機會吧！

馬雲的人生哲學

即使有良好的機會來臨，也往往是轉瞬即逝。「命運無常，良緣難續」！如果當時不把它抓住，以後就永遠不會再擁有了。機會來臨，不管怎樣困難，你都應該迅速行動。一次次機會相累積，命運就會在無形中一點點地被改寫。機遇不會在某個地方等你，它常常蒙著神祕的面紗，隱藏起來，只有適時出擊，才能夠接近它、獲得它！

6 讓目標助你成功

前進的道路是由目標指引的，準確地把握人生之舟的航向，是通向成功的第一步。儘管每個人對成功的看法不一，但可以肯定的是：成功就是達到既定的、有意義的目標。沒有目標，就無所謂成功。成功者與平庸者的區別在於：成功者始終有一個明確的目標和清晰的方向，並且信心十足，勇往直前；而平庸者終日渾渾噩噩、優柔寡斷，始終邁不開決定性的一步。有了目標，才有奮鬥的方向。

大多數人都犯了這樣一個毛病：只知道一味向前，卻並不知道自己的目標究竟在哪裡。這樣的人永遠無緣與成功相會。成功就是實現人生一個又一個目標的過程，如果沒有明確的目標，那追求成功的過程有什麼意義呢？

◆讓目標為你的人生導航

1953年，美國耶魯大學對畢業班的學生進行了一次有關人生目標的調查。調查的對象是一群學歷、智力、環境等條件差不多的年輕人，調查結果顯示：27%的人沒有目標；60%的人目標模糊；10%的人有清晰但短期的目標，3%的人有清晰且長期的目標。追蹤二十五年後，研究結果如下：生活在社會最底層的幾乎都是27%的沒有目標者。還有60%的目標模糊者，則生活在社會的中下層，能安穩地生活與工作，但沒有什麼特別的成就。而大多數生活在社會中上層的是其中10%有著清晰短期目標的人。他們的共同特點是：隨著短期目標的不斷實現，生活狀態穩步上升，成為各行各業不可或缺的專業人士。至於另外3%有清晰且長遠目標者，在二十五年之後，他們幾乎都成為社會各界的頂尖人士。由此可見，目標對人生有巨大的導向性作用。成功在一開始僅僅是一個選擇，選擇什麼樣的目標，就會有什麼樣的成就，同時也就會有什麼樣的人生。

現實中，一個有目標的人，毫無疑問會比一個沒有目標的人更有作為。雖然所設定的目標不能完全實現，但成功的概率要大大高於那些沒有人生目標的人。所以，確定自己的目標很重要，目標決定了人生的走向。在阿里巴巴成立之初，馬雲就提出企業要活八十年的目標。在阿里巴巴五周年慶的時候，馬雲又提出了一個新的目標——阿里巴巴要做存活一百零二年的公司。對此，馬雲說：「目標越明確，員工越明白我要幹什麼。我提的一百零二年是，阿里巴巴誕生在1999年，上世紀活了一年，這個世紀再活一百年，下世紀活一年，加起來一百零二年，剛好橫跨三個世紀。」2006年，馬雲再次強調了要做一百零二年企業的決心。正因有此目標，馬雲決定淘寶網以後將繼續免費。

拿破崙說：「一個不想做將軍的士兵不是好士兵。」世界上最著名的成功學大師博恩．崔西說：「成功等於目標，其他都是對這句話的註解。」中國古人也說過：「胸中有志不為貧。」這些都充分說明了遠大目標對一個人一生的影響有多大。目標就像分水嶺，輕而易舉地把資質相似的人們分成少數精英和多數平庸之輩。前者主宰了自己的命運，後者隨波逐流，枉度一生。當一個人下定決心之後，往往沒什麼能阻止他達到目標。成功人士比你富有一千倍，但這能說明他們比你聰明一千倍嗎？絕對不能。關鍵在於他們確立了人生目標，並花了巨大心血來實現這個目標。

目標是人生的指南針，一個人追求的目標越高，他的才能提高得越快。一心向著目標前進的人，整個世界都會給他讓路。展翅翱翔於藍天是大鵬鳥的目標，傲然挺立於峭壁是松樹的目標，「曳尾於塗中」是莊子池中海龜的目標，「拚將十萬頭顱血，誓把乾坤扭轉回」是江湖女俠秋瑾的目標，「臣心一片磁針石，不指南方不甘休」是丹心忠臣文天祥的目標。親愛的朋友，你的目標是什麼呢？

◆目標決定成功的高度

在我們身邊有許多這樣的人，他們整天努力工作，從不偷懶，但傾其一生的能力也只能養家餬口。他們看起來兢兢業業，很讓人敬佩，但他們老了，卻感到自己的一生過得並不精采。相比之下，一些並沒有他們勤奮的人卻取得了比他們大的成就，過上了比他們更好的生活，這讓他們百思不得其解。他們不明白，所有成功人士都有一個突出的特徵：為自己訂下了很高的人生目標。如果沒有足夠高的目標，就只能在碌碌無為中度過。

艾德蒙斯認為：「偉大的目標構成偉大的心。」一個人之所以偉大，是因為他樹立了一個偉大的目標。偉大的目標可以產生偉大的動力，偉大的動力產生偉大的行動，偉大的行動成就偉大的事業。小目標，小成功；大目標，大成功，這個成功規律永遠不會改變。因此，只有擁有一個遠大的目標，才能夠高瞻遠矚，取得大的成功。

「我一定要考上北京大學」，一個農村小女孩訂下了自己的學習目標，並朝著這個目標奮鬥，幾年之後終於以優異的成績進入了北大；「我要讓每一個家庭的辦公桌上都有一台小型電腦」，這一目標讓比爾·蓋茲成為世界首富。與此相同的是，馬雲也為自己訂下了極高的奮鬥目標。2008年，在超越曾經的對手eBay易趣後，馬雲讓淘寶瞄準了新的「靶心」：追趕亞馬遜、eBay，十年內超過沃爾瑪。「我要讓沃爾瑪後悔當時沒能與淘寶網合作！」馬雲用他一貫的「狂傲」語氣說。這個目標看起來非常遙遠，因為沃爾瑪2007年的營業收入為3兆5000億元人民幣，而淘寶同年度的交易額為433億元，預計2008年可突破1000億元。但即便如此，沃爾瑪的營業收入依舊是淘寶的三十五倍。面對如此大的差距，馬雲卻沒有絲毫懼怕，他說：「差距雖然很大，但如果想都不去想，就永遠做不到。」

有一個偉大的目標是成功的開始，確立了目標，就等於已經贏了一半。很多人習慣於按自己現有的能力、條件、資源來制訂目標，以為必須先具備某種條件，才有資格制訂相應的目標，所以不敢挑戰超出自己能力的目標。事實上很多時候，我們是有目標，才會進步，潛力才會被激發出來。試著訂一些高出能力的目標，並創造條件去實現它。瞄準天上的星星，你或許永遠也射不到，但是一定會比瞄準樹上的蘋果時射得高遠。將目標訂得高一些吧！只要你努力去實現，那麼你的生命將會更壯麗。

馬雲的人生哲學

目標是對於期望成就的事業的真正決心。目標並不是幻想，因為它可以實現。沒有目標，就只能在人生的旅途上徘徊，永遠到不了任何地方。一個人無論年齡多大，他真正的人生之旅，都是從設定目標的那一刻開始的。以前的日子，不過是在繞圈子而已。所以，對於每個人來說，前進的道路是由目標指引的，是通向成功的第一步。如果到現在你還沒有一個人生目標，那趕緊停下為你的人生做個規劃再行動吧！如果你已經有了目標，那就不斷強化它，保持目標與行為一致，直到最後實現它。

第三章 行銷哲學

——思路決定出路

「營銷」就是既要「銷」，更要「營」。

——馬雲

企業的行銷哲學是由生產觀念、產品觀念、推銷觀念、市場行銷觀念與社會行銷觀念組成的。其中每一個環節都與消費者、社會利益等方面有著密切的聯繫，行銷也直接影響著企業在市場中的發展。在這重要的一關，不僅要強調結果，還要注重過程。

1 擁有持久的激情才可能賺錢

人生需要激情，成功需要激情，激情激發力量，真正的激情是對生活的熱愛，對事業的執著，是成功的精神基石。人生如果沒有激情，那生命將會蒼白且平淡。同樣，行銷作為全球經濟領域最大的舞臺，為行銷人提供了展示自我、演繹精采的巨大空間。那麼你是否對行銷注入了無比熱愛的激情，是否有一種渴望成功的衝動？

俗話說：「事在人為。」凡事以一種積極的心態去面對，相信你的激情行銷必定會充滿快樂和力量，你的夢想也會因激情而燦爛。行銷是一種人生行為，每個人都希望自己的夢想能實現，夢想是否能成真取決於你是否對行銷注入了激情。只有無窮的力量激盪在胸中，才能成為行銷的動力，從而演繹出精采的人生。

◆成功需要持久的激情

以前，有的推銷人員會把談判桌當成戰場，將贏得交易視為「征服」顧客，但今天這種單贏的思想已經被淘汰。越來越多的企業意識到，理想的推銷結果應是雙贏，即企業與顧客均有利益。但在市場競爭激烈的今天，推銷自己的產品並非易事。從推銷的角度出發，或許有人會說：「推銷只是給客戶講自己產品的種種好處、客戶可以得到的種種利益，儘管如此，還是不見得會成功。」沒錯，同一件事可能有無數的人在做，可成功卻並不屬於每個人，原因是什麼呢？態度！成功的人會一直保持激情，堅持到底，所以最終會走向成功。

馬雲說：短暫的激情是不值錢的，只有持久的激情才能賺錢！短暫的激情有可能會迎來暫時的收穫，但想要得到或守住成功則一定需要持久的激情！在通向成功的過程中，如果不能經受挫折的打擊，那麼再大的激情也只是衝動。只有懂得用左手溫暖右手，懂得把痛苦當作快樂，去欣賞、去體會，才可能成功。雖然堅持的過程很辛酸，但正是這樣才顯示出激情的難能可貴，再加上心中那份不能磨滅的夢想和腳踏實地的堅持不懈，必將換來明天的美好。

生活中，人們總會羨慕別人擁有成功的果實，或羨慕那些成功的人碰上了好運氣，逢天時地利人和，成功從天而降！很少有人想到成功人士背後揮灑的汗水，想到他們為了成功付出了多少執著的打拚！尤其在行銷界，要想成功更需要保持一種將卓越的價值傳遞給消費者的強烈激情。因為，暫時的激情誰都有，但難能可貴的是持久且富有力量的激情。這對於行銷來說，既是一種行為也是一種事業。在你的行銷中注入激情，相信成功就不再遙遠！

◆激情讓你脫穎而出

在企業界流行一句話，「做企業需要有激情」，激情是一種難能可貴的品質，它能使一個人保持高度自覺性，把全身的每一個細胞都調動起來，完成未就的事業。激情是一種較強的情緒，一種對人、事、物和信仰的強烈情感。高昂的激情能戰勝一切，因此一個人只要堅持不懈地追求，就一定能達到目的。

馬雲在講述第一次見到孫正義的情景時說道：「在互聯網的寒冷冬天，所有人都意志消沉，覺得再也走不下去了。只有孫正義兩眼冒著金光，堅信互聯網將會影響全人類。」也就在那一刻，孫正義用六分鐘的時間決定向當時還非常貧窮的馬雲投資。之後，孫正義回顧當時的決策時解釋道：「當時我看到馬雲的眼睛閃閃發光，覺得這是一個跟雅虎的楊致遠一樣對互聯網有著無比激情的瘋子，我看有戲！」據瞭解，近十年來孫正義的集團投資了不下八百家互聯網公司，其中有一百家左右的公司都倒閉了，也有一百家左右的公司發展得非常好。同樣是互聯網企業，為什麼會有如此大的差別呢？

在孫正義看來就是激情強烈度的差異，如果一個企業從上到下都充滿著激情，那麼不管遇到多麼大的困難，都能夠咬緊牙關堅持下去，也一定會找到解決問題的方法，甚至把最優秀的人才吸引到公司來，從而不斷地取得成功。但是如果沒有激情，一切都無從談起。

當互聯網的寒冬再次不期而至時，激情就是禦寒的棉衣。孫正義作為互聯網的堅定投資商，他建議在預定的人生中，盡可能進行瘋狂的自我挑戰，不斷做到「第一」，然後在新的領域中再爭取「第一」。這樣把每一個「第一」加起來，很快就可以成為真正的「第一」，自然離成功就不遠了。激情，不僅僅在互聯網領域可以成就成功，在其他領域同樣也可以，只要你擁有持久的激情，沒有什麼困難不可戰勝。

行銷本身就是具有一定激情的行為，一個沒有激情的人必定不會在行銷界成功，而一個企業發展的根本就在行銷，行銷界發展不下去，那企業也就不會有生存可言。因此，激情是成功最重要的特質，當你成功的時候，當你失敗的時候，當你順利的時候，當你遇到阻礙的時候，激情總能夠跳出來陪你一起瘋狂、一起感受。

馬雲的人生哲學

要相信激情的力量，當一個普通人擁有了激情，就有可能因此而變得「神通廣大」。因為激情可以激發出普通人潛意識裡的力量，從而創造出奇蹟。這種力量原本存在於每一個人身上，我們沒有感受到它的存在，只因激情不夠！

有人說：你可以沒有金錢，但你不能沒有精神；你可以百無聊賴地生活，但你不能沒有生活的激情。同樣，面對困難你也不能沒有激情。激情是世界上最大的財富。它可以使你擁有更多的金錢與權利，為你的人生掃除一切障礙。

2 客戶是父母，股東是娘舅

行銷學發展到今天，行銷理論也越來越豐富和務實。我們經常會為一些行銷理論文章中精闢的語言拍案叫絕，有專家認為，一位優秀的銷售人員應該具備學者的頭腦、藝術家的心靈、技師的手和勞動者的腳。由此可見專家對銷售人員的要求有多高。當然，在現實生活中，不是所有的行銷員都具備這樣的素質，他們通常是各不相同的，但成功者遵奉的行銷理念卻大致相同。對馬雲而言，他的行銷理念是：客戶是第一，員工是第二，股東是第三。

◆客戶的利益最重要

「顧客就是上帝」這句話幾乎在任何一個商場都可以看到，但未必人人都能做到。現實生活中，無論你從事什麼職業，你都會有特定的客戶群體，而在競爭如此激烈的今天，如果你推銷的產品與很多人的都一樣，消費者憑什麼要選擇你的呢？當然，對於消費者來說，產品的品質是重要的。「物有所值」這四個字，千百年來一直是人們購物的價值觀，「物超所值」就會受到消費者的青睞，但關鍵是不同的人對「價值」的評判標準是不一樣的。

同樣的商品，對不同群體的價值不同，而企業必須根據客戶的認知，才可以確定行銷的策略。如此一來，企業就會根據不同的客戶制訂不同的行銷策略。事實上，「物有所值」是指消費者的認知價值，而不是產品的「實際價值」，因為即使產品的成本再高，如果與客戶的需求不一致，那對客戶來說，該產品也不具備任何價值或者價值不足。因此，如何才能讓產品符合更多消費者的共同利益，是企業應該致力研究的地方。

馬雲之所以可以將企業做大、做好，正是因為他把客戶的利益放在了最重要的位置。馬雲在與眾多股東聊天的時候，曾經不只一次地提到，產品應該為消費者服務，企業所做的一切都是為了客戶。因為他始終堅信只有客戶才能讓他賺錢，而那些投資者與大股東們隨時都可能改變主意。雖然企業營運需要保障大小股東的利益，但在馬雲眼裡，最先要保障的是客戶的利益。1999年，阿里巴巴剛剛創立的時候，馬雲就表示，「客戶第一，員工第二，股東第三」，這個理念一直陪伴著阿里巴巴走到了今天。

馬雲說：「投資者是阿里巴巴的娘舅，客戶才是阿里巴巴的父母。」在企業界，為客戶服務實際上就是為人民服務，服務的宗旨是「顧客是上帝」，而上帝就是衣食父母。在這個過程中，你必須明白，如果你不想為上帝服務，或者不用心為上帝服務，那你也必定不能在企業界成為「上帝」。

是的，不論公司規模多麼宏大，都是靠客戶的支撐才發展起來的，如果把企業比成魚，那麼客戶就好比是水，試想離開了水，魚兒還能活嗎？因此，一個優秀的企業家應該時刻謹記：顧客就是上帝。如果企業的策略脫離了客戶的實際利益，那無論多麼優秀的定位策略，最終還是不可能成功。對此，馬雲坦言，公司和他本人因此都可能承擔更多的壓力與痛苦。以前是讓股東們得到好的回報，讓員工得到好的回報，而現在最大的努力就是為了讓客戶成功，讓大家成功。只有這樣，企業才可能更快、更好地發展下去。

◆客戶就是衣食父母

隨著經濟的不斷發展，我國有越來越多的企業家也開始關注社會責任、社會正義和公平。但同時，很多以企業家自稱的老闆們提到社會責任時，習慣夸夸其談於自己創造了多少就業機會、繳了多少稅、養活了多少工人等，似乎自己就是那些加班幹活、拿微薄工資的工人們的衣食父母與救世主。

在馬雲眼裡，客戶是自己的衣食父母，而股東則是自己的娘舅，並且聲稱他跟舅舅的關係處理得非常好。

社會本來就有分工，企業主掌握著資本，而工人有智慧與勞力，兩者之間按照經濟規律進行合作，才可以使企業正常營運，從而實現獲利。那些所謂的企業家在獲利的過程中，一再以狹隘、自私自利的眼光對待自己的員工，繼而使員工因無法享受到正常的待遇而失望，企業內部變得越來越沒有向心力，這樣的企業最終會走向衰退甚至倒閉。

作為一個成功的企業家，馬雲很好地做到了這一點，他真正把客戶當成了自己的衣食父母，並為此努力實踐著自己的諾言，如在互聯網中為客戶提供盡可能好的服務，讓客戶方便賺錢。短短數年間，馬雲領導的阿里巴巴奇蹟般地從一家小企業變成了目前全球最大的企業電子商務平臺、亞洲最大的個人電子商務平臺。這些成就都源於他把客戶和會員當作是阿里巴巴的衣食父母，並努力致力於讓客戶從電子商務中賺錢。

馬雲的人生哲學

馬雲之所以稱「客戶是第一，員工是第二，股東是第三」，是因為他認為，執行長首先應該代表客戶的利益，因為客戶才是公司的衣食父母，他永遠不會把賺錢作為第一目標。如果把員工的利益當作是第一目標，那就很容易形成大鍋飯，所以把員工排在第二位比較合適。而如果將股東利益放在第一位，作為執行長難免會使人誤會。公司要經營發展，客戶才是最重要的角色。

3 從適應市場、引導市場到領導市場

為了占領更多市場，眾多企業做出了「市場需要什麼，我就生產什麼」的承諾。這句話對消費者來說是非常有益的，但對於企業來說，卻不切實際。因為企業從認識到市場的變化，再到製造出顧客需要的產品，需要一個漫長的過程，而如今科學技術的飛速發展又造成市場風向的迅速變化，所以當產品被生產出來以後，市場需求很有可能已經變化了。這種情況，顯然不能滿足企業對利潤最大化的追求。因此，企業若想成為市場上的霸主，那就永遠不能走在市場後面，而應成為市場的領導者。

◆創造市場是關鍵

企業的最終目的是實現最大化的獲利，而唯一的途徑就是發現潛在需求，並設法滿足消費者。這就要求企業首先要通過市場調查，通過特殊的方式將消費者潛意識的需求挖掘出來，將其變為現實，這個過程被稱為創造市場。不過，要做到這些，必須遵循從適應市場、引導市場到領導市場的原則。

眾所周知，馬雲曾是一個英語老師，根本不懂網路，但他毅然下海在互聯網經濟的大潮中搏出了屬於自己的一片天。作為一個文化人，他能站在一個一般人難以企及的高度眺望前方，善於以文治企、以求變求新贏得企業的長遠發展，這絕對不是一個普通人輕輕鬆鬆就可以做到的。那麼，馬雲靠的又是什麼呢？就是他超強的市場感覺，他具有敏銳的市場意識，可以抓住每一次稍縱即逝的市場機會，不斷創造出新的市場。說他是電子商務市場的領軍人，毫不誇張。

此外，在阿里巴巴成立初期，馬雲就開始用文化為企業占領市場打下了根基。與眾不同的是，阿里巴巴的「六脈神劍」，即「客戶第一、擁抱變化、團隊合作、誠信、激情、敬業」等價值觀，不僅僅停留在宣傳教育的層面，還反映在企業的管理制度上，從而形成了有遠見、有內涵、有創意的執行力。這一系列措施，奠定了阿里巴巴在市場上龍頭老大的地位。

如今的阿里巴巴已成為全球領先的企業間交易網站，這樣的突破與馬雲的市場開發理念緊密聯繫。馬雲認為，一個企業最核心的問題便是根據市場去制訂產品，而且必須瞭解市場與客戶的需求，然後再尋找相關的解決方案。在他英明決斷的領導下，阿里巴巴的產品在使用時根本不需要看說明書，因為他堅持「市場決定一切，需求決定一切」的原則。後來，馬雲又先後創辦了亞洲最大的網上個人消費市場「淘寶網」、中國領先的線上支付服務商「支付寶」、以互聯網為平臺的商務管理軟體公司「阿里軟件」、中國最大的網上廣告交易平臺「阿里媽媽」，並且成功收購了中國領先的搜索引擎「雅虎中國」和中國領先的個人生活服務平臺「口碑網」。馬雲甚至已經將阿里巴巴未來十年的發展方向清晰地勾勒了出來。這些成功絕不是偶然，而是在他遵守從適應市場、引導市場到領導市場的原則下實現的。

成大業者必須要有長遠的目光，同時也必須腳踏實地、求真務實，以創新為主要推動力，創造市場。在直接適應消費者消費習慣的基礎上，引導他們使用生產者提供的產品；如果對消費者的消費習慣無法直接適應，不妨採用間接適應的辦法，引導消費者購買生產者提供的產品。在適應市場、引導市場、領導市場方面，各大企業可以借鑑馬雲的經驗。

馬雲曾經說：「互聯網沒有歷史，因此我們現在每個人所做的都有可能是在創造歷史。我想，這就是互聯網給我們這一代人最大的機會。」創造市場，當然也是創造歷史。

◆堅持——你就可以領導市場

在這個機遇和挑戰並存、張揚個性的英雄主義年代，阿里巴巴的成功也許會被人們認為是一種偶然，但馬雲的成功卻是必然的。之所以這樣說，是因為馬雲具備了一個成功者的多種素質，他堅守夢想、永不言敗的信念，以及充滿熱情和激情的優良品質，獨到而敏銳的眼光，剛強而堅韌的意志，明理而冷靜的頭腦等，都是最終幫助他實現個人價值與社會價值必不可少的要素。馬雲用他的實際行動告訴大家，阿里巴巴能有今天的成就完全是因為堅持。

馬雲曾對一直堅持的三百多位員工說：「我相信很多人比我們聰明，很多人比我們努力，為什麼我們成功了，我們擁有了財富，而別人沒有？一個重要的原因是我們堅持了下來。」占領市場和開發產品的創意完全不同，後者可能只需要一秒鐘，而前者則是一個持久的過程，沒有足夠的堅持和努力，是不可能達到目的的。如今，阿里巴巴市場占有率越來越大，淘寶網占有率越來越大，支付寶占有率也越來越大。作為阿里巴巴的執行長，馬雲斬釘截鐵地說：這是堅持的結果。

在淘寶網剛創立的時候，投資者、客戶與競爭對手並不看好，就連阿里巴巴內部的員工都認為成功的可能性不大。但在馬雲的堅持下，淘寶網奇蹟般地存活並日益壯大起來。在今天這個終端為王的時代，互聯網幾乎已經占領了所有傳統行業的市場份額，成了市場上真正的龍頭老大。按照最近幾年的年均增速和網路購物的幾何式成長，馬雲稱最晚到2010年，中國網路購物市場將有望突破1兆元大關。雖然，目前中國網路購物市場僅占社會消費品零售總額的0.46%，但馬雲對此十分自信。我們也相信在馬雲的堅持下，互聯網將會發展得更好、更強大。

馬雲在一步一步的堅持下，終於走上了領導市場的臺階。儘管如此，他還在不斷突破，而且他相信互聯網將會繼續發展。馬雲的堅持讓他最終收穫了成功，而對一個偉大的公司而言，欲實現最終領導市場的目標也只有堅持。

馬雲的人生哲學

馬雲說，他從創業之初就堅信電子商務一定會走出來。「如果說當時我就知道電子商務能夠發展成今天的規模，那我肯定是在吹牛。但是我相信它會發展，而且我一直堅持著。」因為市場需要，因為互聯網對消費者是有益的，因為這樣可以為企業帶來財富，所以馬雲選擇了創造市場，選擇了堅持。

4 竭力為客戶創造價值

在競爭殘酷的今天，若想使企業長期發展下去，企業家就必須竭力為客戶創造盡可能多的價值，這也是行銷界最根本、最大的挑戰。曾有一位行銷總裁說：「如果你能為客戶創造價值，客戶就會打開大門歡迎你。」

公司若要和客戶建立良好的關係，唯一的途徑就是為客戶創造價值。只有這樣才可以推動客戶的發展，才能使企業實現其繁榮。許多公司雖標榜「顧客是上帝」，但他們根本不瞭解客戶的真正需求，這種行銷必定也不會使企業走遠。只有能全心全意為客戶創造價值的公司，才能成為世界級的公司。

◆阿里巴巴為客戶賺錢

網路世界瞬息萬變，機遇與危機同時存在，因此，若想使網路公司長期生存下去，就需要有隨時更新與大膽嘗試的勇氣。阿里巴巴之所以受到歡迎，就是因為它擁有這一特點。阿里巴巴實際上是商人們的賺錢工具，用馬雲的話說，因為他們拿它賺錢，所以這是個「一等一」的產業。從馬雲的話中，我們可以讀出他心目中阿里巴巴的真實價值所在，那就是「幫助客戶賺錢」。

企業為客戶提供價值，雖然價值的大小不一，但對阿里巴巴來說，電子商務這個新興的行業所創造的社會價值是巨大的。而許多企業則是出於對利潤的渴求而被動地創造社會價值，他們並不是首先意識到企業產品的社會價值，阿里巴巴與之不同的就在於此。阿里巴巴起步時就是為社會價值而存在，馬雲還一再強調，為客戶多創造一點價值是阿里巴巴的責任，同時他還對銷售人員說：「在客戶那裡，眼睛不能只盯著他們的錢，我們的目的是為客戶多賺一點錢，然後在客戶多賺的那一部分裡分一點。」

從這一點來看，為客戶創造價值，是阿里巴巴不斷壯大的根本原因。無論是阿里巴巴還是其他電子商務企業，它們所體現的社會價值就是：省略了很多貿易中的仲介費用，創造了更多的貿易機會。馬雲把這種價值表達為「為客戶賺錢」。此外，馬雲把「客戶第一」與公司業務層面以及阿里巴巴的遠大目標聯繫起來，並且解釋說，客戶是衣食父母。無論在什麼情況下，都要用微笑面對客戶，體現出對客戶的尊重和誠意；在堅持原則的基礎上，用客戶喜歡的方式對待客戶，為客戶提供高附加價值的服務，使客戶資源的利用最優化；在客戶需求和公司利益之間尋求平衡的關係，並取得雙贏；關注客戶的關注焦點，為客戶提供建議和資訊，更好地幫助客戶成長。

阿里巴巴所推出的產品與服務，完全建立在客戶價值的基礎上。從客戶的切身利益出發，當然也會受到客戶的信任與青睞。同樣，其他企業欲長期發展，也必須從客戶的切身利益出發，不斷地提高產品的品質和產品的競爭力，不斷推出適應企業發展的產品，完善對客戶的售後服務等，才可能使企業與客戶達到雙贏的結果。

◆天下沒有難做的生意

在市面上，關於馬雲的說法多種多樣，有人說他是瘋子、騙子，有人說他是智者，也有人說他是網路狂人；有人說他激情四溢，更多人認為他慣於「忽悠」，同時也有人說他是互聯網的教父。面對眾多評價，到底哪一個才是真正的馬雲呢？當初，大家對中國電子商務市場都不看好，因為現金流、物流都不全面，但馬雲卻認為「世界有一個遊戲，一個可以永遠玩下去的遊戲，就是賺錢」。他成立阿里巴巴網站，幫企業主找海內外買家，並通過網路支付系統，進行網上交易，立志要讓「天下沒有難做的生意」，他做到了。

2003年推出的淘寶網，無論是產品還是服務，都體現出了網路的優勢。因為不需要店面，不需要交房租，生意也可以無限制地做大，這就是C2C（Customer to Customer）創造的價值。之後還有了「免費三年」的承諾，雖然很多業內人士對此提出了質疑，但馬雲卻說：「無論淘寶還是阿里巴巴，都是阿里巴巴集團夢想的很小一部分，現在我們只要賺到足夠花的錢就可以了。而在當下，阿里巴巴網站已賺到了足夠它自己、淘寶，以及支付寶（阿里巴巴旗下的另一獨立產品）花的錢，所以淘寶現在重要的是創造價值。」

從阿里巴巴到淘寶再到支付寶，我們可以看出，馬雲是想要在讓「用戶賺錢」的前提下，讓他們心甘情願地給錢。同時，市場的基礎要足夠大，使用戶給的錢能夠滿足公司的營運需要並創造真正的利潤。我們姑且不看淘寶將會以什麼樣的方式或在什麼時間收費，就其經營理念和價值觀來講，是前所未有的。當一項服務確實地為客戶創造了價值，並得到了客戶及市場的認可，企業也必定會獲利並發展下去。

擁有偉大夢想並盡一切力量去實現夢想的企業，會比單純追求利潤的企業擁有更大的能量和動力，因為使命感是一個公司存在的基本原因。阿里巴巴走的是一條與眾不同之路，在互聯網世界的風雲變幻中，使命感是唯一可以指導這個企業前行的力量，阿里巴巴將使命定義為「讓天下沒有難做的生意」，而馬雲對此非常自信。只有一個充滿激情、認同電子商務可以「讓天下沒有難做的生意」的人，才可以成為一名真正的阿里人。

可見，為客戶創造價值，不僅要求企業重視客戶的當前利益，還要求企業更加關注客戶動態的、長遠的利益。在競爭殘酷的市場環境中，堅持和諧發展的理念，需要企業家具有戰略的眼光與氣魄。

馬雲的人生哲學

馬雲曾說：「賺錢容易，難的是為客戶創造價值。」可見馬雲對客戶價值的重視。的確，對於一個企業來說，能夠長期發展下去的根本就是「為客戶創造價值」。

馬雲認為，阿里巴巴首要的社會責任是保護客戶，全心全意為客戶創造價值，想客戶之所想，急客戶之所需，並且能堅持下去，這才是企業真正強大的根本原因。只要你為客戶創造了價值，那麼你的企業也將會長久地生存下去。

5 掌握技巧，巧妙言談

古人有詩云：「綠蔭不減來時路，更添黃鸝四五聲。」說的是在綠蔭如畫的景色中，傳來了黃鸝歡快的叫聲，就別有一番情調。同樣，在我們的生活中，如果能在平實的言談之間，巧妙地滲入新意，就能使一場普通的談話散發出迷人的魅力。

生活中的點點滴滴也是如此，要做一番大事業，必定離不開「好」的言談。談話的關鍵就在於一個「精」字，話說得太多並不見得是一件好事，有時不僅浪費寶貴的時間，甚至會招來橫禍。「精」是指不但要說清楚，還要非常有說服力。

◆他「傻」，卻會說話

如今的馬雲可以說是商界無人不曉的人物，就是這樣一位中國電子商務領域的「王者」，從不懂電腦到成為真正的IT業風雲人物，再到阿里巴巴與淘寶網這兩大網站的掌控者。

馬雲一度非常平凡。這位「阿里巴巴」的執行長還自認為很傻，就像「傻阿甘一樣簡單」，也曾為朋友打過架，狂熱追逐小鹿純子，他還曾經為了老校長的一句話，在教師崗位上「傻」幹了整整六年，但其會說話的特長卻開啟了他叱咤風雲的人生。

1999年9月，馬雲的阿里巴巴網站橫空出世，他立志要成為中小企業敲開財富之門的引路人。當時的中國互聯網正處於熱潮湧動的時刻，各大投資商只把注意力放在門戶網上，而馬雲此時卻建立了商務網站，這在國內可謂是一個逆勢而為的舉動，也給互聯網開創了一個嶄新的模式。1999年底，馬雲第一次找「軟銀」老總孫正義談話，原定一個小時的講述，他剛講了六分鐘就獲得了有「網路風向球」之稱的孫正義的賞識，孫正義當即拍板決定投資馬雲的公司。之後又一次，馬雲坐到孫正義的對面，經過了三分鐘短暫的談判後，馬雲就獲得了孫正義3500萬美元的投資。軟銀每年能接到七百家公司的投資申請，但其只對其中七十家公司投資，這其中唯獨馬雲有過和孫正義面對面交流的機會。

幾分鐘換來幾千萬，可見，馬雲之所以會成為阿里巴巴與淘寶網這兩大網站的掌控者，與他的嘴上功夫是脫不了關係的。

很多人都知道，互聯網上最早出現的以中國為主題的商業資訊網站是「中國黃頁」，這正是馬雲的第一次創業。當時在杭州街頭的大排檔裡經常有一群人圍著他，聽他口沫橫飛地講述自己的「偉大」計畫。那時，有很多人稱他是「傻子、騙子」，但就是這樣一個「傻子、騙子」，到1996年，已經將營業額不可思議地做到了700萬元。這樣的成就，不能不歸功於他的口才！

◆善「開玩笑」的馬雲

語言和文字都具有莫大的魔力，一句有份量、有品質的話說出來，自然而然會沉澱在自己或者其他人的心底，甚至可以深入到其潛意識中。但並不是所有人的話都會有如此大的力量。

在阿里巴巴剛剛起步的時候，由於當時人們對於網路幾乎一竅不通，因此很難招到員工。對此，馬雲開玩笑地說：「當時是把大街上能走路的都招進來了。」之後，阿里巴巴又遭遇第一次互聯網泡沫破滅，在馬雲決定退守杭州時，曾有不少「聰明」人離開公司去創業，但真正成功的沒有幾個，而當時留下來的那些「不聰明」的人隨著互聯網的迅猛發展，收入越來越高。馬雲說：「其實，留下來的人也不全是高瞻遠矚，相反，有很多人不知道離開阿里巴巴還能找到工作，所以就留了下來。」

從馬雲的這些話中，我們可以看到他的機智和幽默。事實上，他的這些話既說明了事實，又表達了對與他曾同甘共苦過的團隊的感恩。「世界上最愚蠢的人，就是自以為聰明的人；而最想發財的人，往往也不會發財。」特立獨行的馬雲無論在哪裡，都可以妙語連珠。

語言的力量是巨大的，馬雲作為一個成功的商人，他的口才幾乎和他的成就成正比，語言的魅力無時無刻不從他身上散發出來。

無論是在日常生活中，還是在工作中，想成為真正的強者，就必須掌握說話的技巧。如果掌握不好，就很難達到說話的目的，更難實現成功的夢想。

馬雲的人生哲學

愚蠢的人用嘴說話，聰明的人用腦子說話，智慧的人用心說話。馬雲的成功離不開「說話」，而他正是將聰明與智慧結合起來說話的，無論是在與商人的交談中，還是在回答記者的提問時，他都可以妙語連珠地道出他的財富人生觀。

掌握說話的技巧，對不同的人用不同的語言來表達自己真實的想法。正如馬雲所說：「你可以說錯話，也可以不說話，但所說的必須是真實的。」說話的藝術就在於你能真實地表達出你的意思，而幽默就是一種非常好的方法。

6 尋找特殊且合適的目標

對於任何企業，尋找客戶都是非常關鍵的一步，也是每一個銷售人員最終的目的。那麼，什麼樣的客戶才是合適的呢？一般情況下，合適的客戶是指一個既可以獲益於某種推銷的商品、又有能力購買這種商品的個人或者組織。

要達到目標並非易事，它需要一步一個臺階，通過每一個小的目標累積成就大的目標，從而體驗成功的感覺。而在現實生活中，人們做事之所以會半途而廢，並不是因為事情難以解決，而是因為沒有制訂階段性的目標。行銷時，首先就要選定適合自己的目標，然後為之努力。

◆努力＋合適的目標＝成功

眾所周知，馬雲的成功之路並不是一帆風順的。創業之初，馬雲一心想要改變中國的電子商務模式，要做最偉大的互聯網公司，要讓天下沒有難做的生意！而他的這一想法在當時被很多人認為是不可能實現的，但他卻經過幾年的努力，實現了這一目標。就這樣，曾被懷疑的馬雲如今正被無數人羨慕與妒忌著。馬雲之所以能取得今天的成就，除了堅持外，還在於他有實現自己「特殊」且「合適」目標的能力。

馬雲用了八年的時間，使阿里巴巴從一個名不見經傳的小公司上升到了一個難以置信的高度，很多人都認為這速度有些快了，但馬雲並不這麼覺得。也許八年的時間並不長，但阿里巴巴的發展是順其自然的，什麼時候該邁腳，什麼時候該收腿，馬雲心裡十分清楚，這就是目標的作用。此外，馬雲還為自己訂下了一個震驚互聯網界的遠大目標：要做一百零二年的跨越三個世紀的企業。此言一出，便在外界炸開了鍋，馬雲究竟是胸有成竹還是不自量力？現在誰都難下定論。不過，大多數人還是相信，憑藉馬雲的才能和智慧，要實現這個目標還是有可能的。

綜觀古今一些成功人士的成功軌跡，就會發現他們走向成功之前大多有著自己的明確目標。馬雲之所以可以成功，正是因為他找到了自己的目標而且能堅持去努力實現。美國成功學家拿破崙·希爾在《一年致富》中有一句名言：一切成就的起點是渴望。一個人追求的目標越高，他的才能就發展得越快，一心向著目標前進的人，整個世界都會給他讓路。希爾的話告訴我們：所有成功，都必須先確立一個明晰的目標，當對目標的追求變成一種執著時，你就會發現所有的行動都會帶領你朝著這個目標邁進。

有了目標，加上不懈的努力，就沒有做不成的事情。英國前首相班傑明·迪斯雷利原本是一名並不成功的作家，他曾出版過無數作品，卻沒有一本給讀者留下過深刻印象。後來他進入政壇，立志成為英國首相。確立目標後，他先後當選為議員、下議院主席、高等法院首席法官，直到1868年終於成為英國首相。對此，迪斯雷利說：「成功的秘訣在於堅持目標。」迪斯雷利如此，馬雲亦如此。明確且堅定的目標是贏得成功、有所作為的基本前提，想要成功就必須遵循這一原則。

◆成功來自於特殊的目標

在競爭如此激烈的今天，特殊的目標才能讓你獨領風騷，與眾不同。當然，確立一個特殊的目標，也未必能夠完全實現，但是如果沒有一個特殊的目標，我們更不容易獲得成功。

在還不瞭解電腦技術的時候，馬雲就創辦了互聯網平臺中國黃頁，之後創辦的網上交易平臺阿里巴巴以及淘寶網等，無一不顯現出他的特殊眼光。馬雲的成功也許是另類的，但絕不是巧合，只能說：是他的特殊才能使他脫穎而出。

在阿里巴巴集團和杭州市政府主辦的「第三屆中國網商大會」上，馬雲再次提出了他的三個新目標：一是通過阿里巴巴與淘寶網為社會提供一百萬個就業崗位；二是為一千萬個中小企業創造生存發展的機會；三是通過阿里巴巴帶動關聯產業增加1000億元的附加產值。可以說，這些目標看似難以實現，但他的信心十分堅定，這樣的毅力和決心正是馬雲的風格。

馬雲「特殊」的目標對於其他人來說也許是天方夜譚，但我們看到的卻是勝利。為什麼當所有的企業都為商品犯愁時，他卻可以提供優質的網上交易平臺和服務，能讓每一個網商都感受到「天下沒有難做的生意」的樂趣？馬雲的故事更讓我們知道，只有與眾不同才能脫穎而出。

儘管人們常說「有志者事竟成」，「天下無難事，只怕有心人」，可現實生活往往並非如此。當然，特殊的目標能否實現，除了關乎自身的條件外，還受到許多內部與外界因素的影響。但只要盡自己最大的努力去做了，即使最後沒有成功，至少自己嘗試過了，就不會留下遺憾。

馬雲的人生哲學

馬雲被稱為中國的行銷大師，他的行銷能力無疑是業界關注的焦點。從開始創業至今，他的風格始終都是在找好目標後主動出擊。而他的目標往往都是那麼「特殊」、那麼「合適」！正因為如此，那些一般人看來根本無法實現的目標，在他那裡卻往往被輕而易舉攻破。

7 做一個善於發現的人

消費者、客戶、社會大眾都是通過行銷人員來瞭解企業形象、企業素質、企業層級，進而認可、接受企業及企業產品的。在這個過程中，行銷人員扮演著一個重要角色，他們是公司同客戶溝通的直接橋梁。俗話說，「有心人天不負」，指的就是只有對什麼事情都注意觀察、分析、總結、歸納、提煉，才能使自己的工作能力有所提高；做一個善於發現的人，才能捕捉到每一個細小變化，才能有所領悟、得到提高，才能做得更好。市場行銷人員就需要具備這樣的素質。

有人說，要做一名行銷人員，就需要像狐狸一樣狡猾，像獵鷹一樣機敏，要善於發現周圍每一個有用的資訊，對周圍每一個細小變化都能很快做出反應等等。因為行銷談判的過程，其實就是一個反應速度的比賽，一次智慧的比拚，不過這所有的一切都離不開一點：做一個善於發現的人。

◆捕蝦勝過捕鯨

1995年馬雲第一次接觸互聯網，到1996年他已經不可思議地將中國黃頁的營業額做到了700萬元人民幣，由此他走進了開發外經貿部官方網站及網上中國商品交易的市場。期間，馬雲在B2B網站的營運也越來越成熟，同時還可以利用電子商務為中小企業服務。馬雲認為：「互聯網上商業機構之間的業務量，要比商業機構與消費者之間的業務量大得多；而在商業機構之間，大企業大多擁有自己的行銷網絡。這樣看來，中小型企業對電子商務的需求量要更大一些。就正如捕魚、捕龍蝦，一定要比捕鯨簡單方便得多。」

發現了這個商機後，1999年馬雲正式創辦了阿里巴巴，為中小企業搭建起了一個業務平臺。消息在中小企業之間一傳十、十傳百地傳開了，吸引了眾多投資商的目光。全球著名風險投資機構Invest AB亞洲代表蔡崇信，原本打算和馬雲洽談投資事宜，結果卻被網站的前景所吸引，並就此出任網站財務長。當華爾街風險投資商得知後，「美國高盛」決定向阿里巴巴注資500萬美元，後來，成功投資了雅虎網站的「軟銀」董事長孫正義僅與馬雲交談了六分鐘，便決定向阿里巴巴投資2000萬美元。

馬雲的「夢想」在這些鉅資的幫助下，迅速發展起來，商務平臺也越來越大，同時註冊會員與點擊率更是直線上升。馬雲的這種「捕蝦勝過捕鯨」的想法，使如今的阿里巴巴擁有了成千上萬的供應商，這給更多的客戶帶來了前所未有的便利。

阿里巴巴獨特的商業模式與理念，不僅為其贏得了數量龐大的客戶，還因此贏得了投資商的信任與青睞。雖然當時的互聯網業正處於低潮期，但這並不影響阿里巴巴的發展勢頭。可見，無論市場是什麼狀態，總存在空缺，而空缺就意味著市場需要，這就是一個很好的商機。很多人抓不住這個商機，原因是他們不善於發現。

事實上，商機隨時都在你身邊，但它只屬於善於發現的人，只要你擁有一雙善於觀察的慧眼，善於做一個市場的補缺者和利基者，你就能事半功倍贏得商機。在這個利益化的時代，每個商場中人都在不懈地尋求著商機以求得利潤與財富，但很多人經常會忽視眼下的商機，以為財富不是伸手就有的。其實財富就在我們的身邊，只要擁有發現市場機會的眼光，你就可以贏得戰役。

◆善於發現「獵物」

行銷是一個務實的職業，又是一個最容易衡量工作成效的職業，同時更是一項極其富有挑戰性的工作，與其他工作人員相比，行銷人員確實背負著更大的工作壓力。如何做好行銷是每個行銷人員所關注的重點。每個行銷人員似乎都非常忙，甚至沒有時間吃飯，恨不得一天二十四小時都用來工作。其實這並非是行銷人員的最佳境界，雖然努力工作沒有錯，但更重要的是善於發現，在與各行各業、各種層級的人接觸時，善於發現細節問題，談話時才可以投機、才可以給你的工作帶來幫助，從而更快地取得成功。

行銷人員如此，作為企業家更是如此。1995年，馬雲的美國之行，使他第一次接觸到了電子商務，並敏銳地發現了其中的商機。回到中國，他便召集了他的朋友和妻子成立了互聯網公司「中國黃頁」。他和技術人員們把中國企業的產品資訊集中起來，快遞到美國，由設計者做好網頁向全球發布。同時，他在網上發布的外文翻譯社廣告的資訊，也得到了美國、日本等地的國際訂單。儘管這並不是真正的電子商務，但這卻讓馬雲初嘗互聯網的甜頭，也讓他看到了成功的方向。次年，馬雲便不可思議地做到了700萬元人民幣的營業額。從此，他對互聯網的熱情一發不可收拾。

1999年，阿里巴巴網站出世；2003年，成功創辦淘寶網；2004年，支付寶成為全國最大的獨立第三方電子支付平臺；2005年，阿里巴巴收購了全球最大的入口網站——雅虎在華的所有資產，成了中國最大的互聯網公司。馬雲靠他敏銳的嗅覺、果敢的決斷，帶領著他的團隊一步步走向了輝煌，走向了成功。對此，馬雲說：「當所有人都選擇做互聯網的時候，你應該想想做傳統的行業。當所有人都在做傳統行業的時候，你應該想想做其他的行業。千軍過獨木橋，再寬的馬路也很容易被踩死。」馬雲這種錯位經營的理念，再加上善於發現商機的智慧，使他得以擁有今天的成就。

如果用一種動物來形容馬雲等企業家，那麼狼是再適合不過了：敏銳的嗅覺、善於發現獵物、對目標不輕言放棄、良好的合作精神。從某種意義上來說，馬雲就是一匹讓人敬而生畏的狼！

馬雲的人生哲學

近幾年來，就業壓力越來越大，人們更是覺得商機難尋，能賺錢的機會也越來越少。從全球範圍來看，1990年代之後，全球經濟已進入一個微利時代，再加上市場競爭日益加劇，便出現了大批行業高成長與低收益的現象。但是這並不意味著商業機會已消失殆盡，只要你是一個善於發現的人，仍然可以嗅到別人嗅不到的美味，這是成功的關鍵所在。

8 把鞋子賣給不穿鞋的人

「把鞋子賣給不穿鞋的人」與「把梳子賣給和尚」，這兩則寓言故事在行銷界可謂人盡皆知。其中都有「賣得不好」和「賣得好」的情形，「賣得不好」的原因在於這個人只是在銷售；「賣得好」的原因在於這個人是在行銷，即更關注消費者的需求和目標。同樣的產品，只是在賣的「過程」中採用的方式不同，最後的結果也必定不同。

銷售與行銷看似是一個概念，但兩者在本質上並不相同。銷售，簡單地說就是推銷；而行銷則是行銷人員從消費者的需求和目標出發，與之進行互動與傳播，從而達到經濟效益和社會效益的雙贏。也就是說，消費者需要什麼樣的產品，企業就生產什麼樣的產品，同時還能最大化地滿足廣大消費者的產品需求和精神需求。

◆行動就有可能

一家鞋業製造公司派出了一個業務員去非洲開拓市場。歷經千辛萬苦，這名業務員終於到了非洲，但他看到的卻是：從國王到貧民、從僧侶到貴婦，竟然都不穿鞋子，當地的人都是光著腳走路的。當晚他便發電報告訴經理：「經理啊，這裡的人從不穿鞋子，還有誰會買鞋子呢？我明天就回去。」

第二天，經理又派另一個業務員再去非洲開拓市場，這名業務員一路跋涉到了此地，當他看見這裡的人都沒有穿鞋子時，非常高興地向經理發了電報說：「太好了！這裡的人都不穿鞋。我決定長期駐紮下去！」兩年後，這裡的人都穿上了鞋子，這家鞋業公司更是大獲全勝……

故事證明：只要行動，一切皆有可能！如果你認為現實中這樣的事情並不會發生，那麼你就大錯特錯了，這樣的故事不僅存在於現實生活中，更時時刻刻發生在我們的身邊。當我們面對著似乎已經飽和的市場時，其實新市場就在你的腳下，只是你缺少足夠的勇氣和行動。這就如每個人都會遇到各種各樣的困難一樣，也許你認為你無法度過難關，但其實內在的力量足以讓你戰勝它，因為只要行動，沒有什麼不可能。

馬雲就屬於實際的行動派，他敢做敢當，不僅有對電子商務不屈不撓追求的精神，還敢為之付出實際行動。可以說，他是以一個充滿社會責任感、殫精竭慮的創業者形象出現的。雖然是中國最富有的企業家之一，但他卻不虛榮，而是用實際行動為人們創造價值，造福社會。因為他明白，打造一個成功的公司需要付出實際行動，如果只在腦子裡想，那麼再好的創意也不會成功。正如他所說：「理念如果不落實在行動上，只是一堆廢紙。」

當互聯網在中國剛剛出現時，是他用實際行動在阿里巴巴這樣一個帶有神話般名字的公司，實現了互聯網的夢想。很多人說馬雲是「腳在地上，心在遠方」，事實上的確如此，他既有腳踏實地的精神，又有前衛的眼光。有眼光的人很多，但卻很少有人將這些所謂的超前意識付諸行動，馬雲卻做到了。就是這樣一個不懂得網路的網路精英，用實際行動帶領著他的阿里巴巴，兵不血刃地征服了整個世界。

現實中，我們隨時可以見到「行動的矮子」。其實，有時候阻礙人們行動的並不是事情本身的高度和難度，而是心理上的天塹和思想中的山峰。衝破了自己心中的那層迷霧，戰勝了心理上的膽怯，就一定可以看到地平線上升起的太陽。

◆個子小卻有大智慧

如果說賣鞋子的兩個人想法不同是因為智慧的差別，那麼身高只有五英尺的馬雲的成功更是一個智慧的奇蹟。馬雲的創業始於1990年代中期，他從一無所有開始，從不懂互聯網開始，在短短十年間，在市場上拚出了一片屬於自己的商業領域，這何嘗不是他的智慧所在？正所謂：人不可貌相，海水不可斗量。馬雲那顆不大的腦袋裡，裝的可都是滿滿的智慧。

從沒有網路到有網路，從有網路到網路普及，從普通網路再到網商時代，互聯網的發展可謂一日千里。同時，馬雲也使網友們不再簡單地沉迷於聊天、遊戲、交友等網路娛樂，而是開始真正把互聯網看作是生產工具，從而使人們做生意的方式徹底改變。今天的馬雲已成為全球電子商務的領跑者，他在市場上憑藉智慧成功，僅此一點就著實讓人敬佩。我們不僅羨慕他的財富成長，敬佩他為國家上繳的稅收與他為社會提供的幾十萬個就業機會，更加敬佩他本人的出類拔萃。

不難看出，馬雲在推銷互聯網的時候，懂得讓雙方共贏，為別人設身處地著想，這是一個企業家最難能可貴的地方。簡單的說，他的成功贏的是人心，銷的卻是產品，他用智慧達到了經濟效益和社會效益的雙贏。往日普通的英語教師，竟然成了國際知名的企業家，我們不得不承認：馬雲除了有拿破崙一樣的身材，更有拿破崙一樣的偉大志向！

馬雲的人生哲學

雖然一度被人們稱為傻子和瘋子，但無論別人怎麼說，馬雲從來沒有改變過他的偉大夢想。他用實際行動與不凡的智慧，證明了他的方向是正確的，成功的。

馬雲，這位已經改變全球生意人交易方式的絕對領袖，以自己的親身經歷告訴我們：只要有了正確的想法，行動就有可能，努力就會成功。

第四章　用人哲學

——人盡其才，物盡其用

創業最大的挑戰與突破在於用人，而用人最大的突破在於信任。

——馬雲

萬物之首，人也！然而人與人是不同的，不同的人有著不同的能力與優勢。所謂「知人善任」就是不僅要善於發現人才，還要善於用人。對於企業領導者來說，這點非常重要，可以說是企業成功不可或缺的一部分。那麼，大企業家馬雲是如何慧眼識英才，如何使「人盡其才，才盡其用」的呢？

1 雙手合十方可鼎力相助

馬雲知人善用，任人所長，還特別強調「雙手合十方可鼎力相助」。因為馬雲深切明白「禮賢下士，不拘一格，慧眼識珠」是事業成功的根本所在。千里馬常有，但伯樂卻不常有。而他正扮演著一個出色伯樂的角色，正是他大量起用年輕人，才使得企業超常規發展，最終執中國網路史之牛耳。

「人」才是企業之根本。有了人，善於用人，企業就會擁有一切；反之，則會失去一切。其實所有的企業管理人員都知道人才的重要性，但是又有幾個能像馬雲一樣用一顆虔誠之心來領導員工呢？

◆人才永遠是企業的長青樹

企業家如何管理企業已成為商場中不可迴避的話題之一，而企業的管理重在用人。馬雲作為成功的企業家，對此有著獨特的看法。

馬雲說：「當員工達到一百人時，我必須站在員工的最前面，身先士卒，發號施令；當員工增至一千人時，我必須站在員工的中間，懇求員工鼎力相助；當員工達到一萬人時，我只有站在員工的後面，心存感激；如果員工增加到五萬至十萬人，除了心存感激還不夠，必須雙手合十，以拜佛的虔誠之心來領導他們。」

用人是經營公司的首要任務，是管理者領導能力和駕馭能力的最高體現。在競爭激烈的商業王國中，要想贏得戰爭，最重要的一點就是懂得用人。所以，人才永遠是把事業做大的資本。

尤其是對待員工要像對待家人一樣，使他們心甘情願為企業服務。一定要讓員工看到希望，這樣他們才會拚搏向上，同時也要給他們一定的後備保障，以免去他們的後顧之憂，使其全身心地投入到工作中。另外要讓員工感覺到你對他們的重視，讓其更清楚地認識到自己的價值，變得有自信。

然而，有了人才，還要善於運用。天下沒有十全十美的人和事，每一個人都有優點及缺點。這就像大象的食量是以斗計，而螞蟻一小勺便足夠的道理是一樣的，應做到各盡所能、各得所需，以量才而用為原則。

每個老闆都希望員工做最多的事拿最少的錢，他會告訴員工你現在是在學習，當你在公司有了無可替代的地位時，你就有資本了。但是員工卻希望老闆在自己做了體現能力的工作時給予贊同，使付出與收穫能成正比。而事實上，老闆和員工的想法永遠不會一致，因為雙方出發點不同。但是馬雲卻是一個例外，他認為，員工是創造財富的來源，是成功的基石，只要有了他們，天下便可盡其所有。所以在阿里巴巴，只要是為公司創造價值的員工，都有機會入股，這樣就能讓員工時刻感受到自己是阿里人，時刻感受到老闆原來是如此的看重自己。馬雲如此看重員工，正是他成功的一個關鍵因素。在阿里巴巴，每個員工都能感受到自己的重要性，都會盡自己的最大能力為公司創造財富，這就是鑄就阿里巴巴今天輝煌的來源。

◆建設企業感恩文化

所謂企業感恩文化就是以保障企業共同利益和回饋他人為根本，通過反哺的形式建構企業與投資人、員工、顧客、群眾、社會之間的感恩互動，最終形成企業發展成果共享最大化和企業價值最大化的精神文化。

在阿里巴巴有這樣一個故事被廣為流傳：

飛畢業於著名大學，自走出校門就在阿里巴巴工作，一幹就是五年，在這五年的時光裡，由於工作能力突出，他每兩年就得到一次提升。如今的他，已晉升為公司的部門主管，年薪超過15萬元。

五年來，飛認識了不少業內精英和成功人士，而他的工作能力也得到了業內的一致好評。有一家公司看中了飛，給出更優厚的待遇想把飛挖走。面對誘惑，是走是留？飛非常矛盾。就在這時，總裁馬雲先生做了一件微不足道的事情，打消了飛所有的顧慮，使其堅決地拒絕了誘惑，決定繼續為阿里巴巴效勞。事情是這樣的：當時正逢中秋節，公司專門為外省籍的員工每人訂購了一盒月餅，在中秋節前幾天，連同一份由公司董事長簽名的中秋慰問信，寄到每一位員工的家中。當飛遠在西部小山村的父母收到「天外」飛來的月餅時，激動得熱淚盈眶，這是整個村子從未有過的事情。村裡的鄉親們都來了，飛的父母把月餅切成一小塊一小塊分給鄉親們吃，還請了村裡一名學生大聲朗誦公司的慰問信，聽完後眾人感慨不已。

當飛聽說後，對公司、對老闆的感激之心油然而生。當天晚上，飛徹夜難眠，他一直在思考自己的職業規劃問題。他不停地問自己，我有什麼優勢嗎？我有更想做的工作嗎？這時他才真正發現，其實自己最想做的就是不斷地學習，充實自己，武裝自己，而自己的優勢就是對工作的熱情，對他人講誠信，給人一種靠得住的印象。想清楚之後，壓在飛胸口的巨石終於放下了，他選擇了繼續留在阿里巴巴快樂地工作和生活。

由此可以看出，企業感恩文化首先強調的就是對員工感恩，然後促使員工對企業感恩，進而提高員工對企業的忠誠度。其實在馬雲的眼裡，要想建設企業與員工之間的感恩文化並不難，只要企業用心去做，並長期堅持下去，就一定會起到意想不到的效果。馬雲深知，員工是企業發展的堅強後盾，是企業創新的主要動力，是企業不斷壯大的強大支撐，在馬雲的理念中，任何財富都不敵人才。

除此之外，阿里巴巴的感恩文化不僅是指企業員工共享企業發展成果和福利待遇，更多地體現在企業對員工的尊重程度上。企業應認真建立員工檔案，細心地蒐集員工的相關資訊，比如員工的興趣愛好、生日、結婚等重大紀念日等，根據每個員工的不同需要，營造企業內部濃厚的「人情」氛圍。員工們在這樣的氛圍中工作，回報給領導者的就會是更多的激情和幹勁。

馬雲的人生哲學

馬雲說：「雙手合十方可鼎力相助。」這無疑是告訴其他企業家，企業必須要以員工為根本，讓員工成為企業的一分子，使其公平、合理地享受企業發展成果，而不是把員工看成被管制的對象，視為榨取利潤的機器和工具。

以「雙手合十」的虔誠之心來領導員工，將使企業員工心往一處想，勁往一處使，企業將攻無不克，戰無不勝。

別把飛機引擎裝在拖拉機上

人才是寶，但是有了人才卻不懂得人盡其用，不能讓員工的才能得到充分施展就是浪費。古人對如何用人有過一段精闢的論述：「馬雖能歷險，卻犁田不如牛；牛雖能載重，卻渡河不如舟。」換言之，「三百六十行，行行出狀元」，但前提是要幹對行，如果是讓善解牛的庖丁放下屠刀，操起剪刀當裁縫，他還能遊刃有餘嗎？

◆「大材小用」是邁向成功的絆腳石

馬雲的人生充滿了奇蹟，他的成功如同一個神話，他本人也被業內人士稱為網路帝國的拿破崙。其實，他的成功源於其始終不渝地相信：「大材小用」或「小材大用」都是邁向成功的絆腳石。

馬雲曾在回顧創業歷史時說：阿里巴巴在發展過程中曾經走過很多彎路。比如說，早期的阿里巴巴就請過很多「高手」，而那些來自世界五百強大企業的管理人員卻因「水土不服」而夭折。

對於這段經歷，馬雲戲稱，「就好比把飛機的引擎裝在了拖拉機上，最終還是飛不起來一樣，我們在初期確實犯了這樣的錯誤。雖然聘用過來的一些職業經理人在管理水準上相當高，但是卻不合適」。

「造就一個優秀的企業，並不是要打敗所有的對手，而是要形成自身獨特的競爭力優勢，建立自己的團隊、機制、文化。我可能再幹五年、十年，但最終肯定要離開。離開之前，我會把阿里巴巴、淘寶獨特的競爭優勢和企業成長機制建立起來，到時候，有沒有馬雲已不重要。」馬雲還說，阿里人在阿里巴巴的發展過程中起到了至關重要的作用，而他最自豪的，就是能為每位阿里人提供一個適合他們發展的舞臺，讓他們盡情施展自己的才華。

中國南宋著名詩人陸游曾說：「大材小用古所嘆，管仲蕭何實流亞。」簡單一句話，卻告訴了我們大材小用之可悲可嘆。那麼，到底怎樣才能避免大材小用的情況發生呢？這個問題不能抽象地回答，而是要結合所在的職位、所從事的工作來分析。不但能勝任而且能駕馭自如，這才是這個職位、這項工作需要的人才。

不難看出，一位成功的領導者，不僅要具有慧眼識英才的能力，而且還要能因材施用。如果不能因材施用，「銖兩百千鈞」，便是對人才的浪費。

◆成功不可缺少的環節——用人策略

綜觀馬雲的成功之路，沒有一處不表現出他超強的用人能力，正因為如此，最初與他共同創業的核心團隊一直跟隨著他。馬雲，這個很有國際影響力的執行長，其公司的團隊組合也堪稱世界一流。

不管是面對成功還是失敗，他都懂得合理利用人才，使他們各司其職，各盡其能，與公司一起度過一個又一個難關。創業時馬雲所召集的一批人全都是狂熱的網路夢想追隨者，正是在他們的共同努力下，公司得以不斷發展壯大。

馬雲懂得，得力與不得力是一個相對的概念，關鍵在於使用是否得當。用其所長就得力，用其所短就不得力。用人最忌諱勉為其難。如果硬要下級做他不善於做的工作，自然難以獲效。所以，高明的領導人往往對其下屬採用「揚其所長」的原則。領導應盡力發掘被使用對象的長處，揚其「長處」而抑其「短處」，使其充分發揮自己的人才效能，做到以一當十，人盡其才，才盡其用。

另外，馬雲說：創業時期千萬不要找明星團隊，千萬不要找已經成功的人。創業要找最適合的人，不要找最好的人。常言道：打天下用人在於人和，治天下用人在於無才不用，用盡天下才。換言之，在事業剛剛起步時，人才管理上最為關鍵的是「你感覺不好的人，對你不敬的人，別人的人」你都要懂得用。

馬雲不懂電腦、軟體和硬體，卻在互聯網領域創業成功；他沒有高學歷，卻從一個英語老師搖身一變成了企業領導人。別人是學習技術，而他卻是在練習管理，因為馬雲深深懂得，只要有人才，就能使天下盡歸我所有。許多中國企業幾年發展下來，只有領導人成長最快、能力最強。而一貫被人們稱為狂人、孤獨者的馬雲卻認為：作為一個領導人應該學習唐僧，用人要用其長處，管人管到位即可。馬雲的用人策略告訴我們，僅憑一人之力，企業永遠做不大，自己也永遠不會成功。

「如果用六個月還找不到替代你的人，說明你招人方式有問題，或者你不會用人。把自己員工身上最好的東西發現並挖掘出來，這才是領導應該做的。找到某個人自己都不知道的優點，這是你的厲害之處。每個人都有潛力，關鍵是領導要找出這個潛力。」馬雲一直都是這麼認為的，在長期堅持使用這一套策略後，最終他走向了成功。

馬雲的人生哲學

識人難，用人更難。

其實，世間不缺人才，每個人都可以是才，都有著可能連自己都不知道的巨大潛能，關鍵就在於一個領導在用人上要做到恰如其分，最大限度地發揮人才的優勢和效益。這就要對人才綜合考察和任用，發掘人力資源潛能，為企業塑造人才。在這一點上，馬雲無疑是最成功的，是企業家們學習的對象。

3 用人最大的突破在於信任

阿里巴巴、淘寶網、雅虎中國、阿里媽媽等之所以能在中國網路史上獨樹一幟，甚至在亞洲和世界網路史上占據重要地位，這和管理者善於用人是分不開的。「用人不疑，疑人不用」正是他們的用人原則。馬雲深知其中深淺，所以即使到年終虧賠，只要不是人為失職或能力造成的，他不但不會責怪，反而多加慰勉，立即補足資金，令其重整旗鼓，以期扭虧為盈。正如馬雲自己所說的那樣：「用人最大的突破在於信任。」

◆信任是用人的第一標準

馬雲用他對員工的信任創建了阿里巴巴的堅實基礎，他對所有的阿里人都非常信任，在他看來，信任自己的員工是走向成功的第一步，是企業用人的第一標準。馬雲曾經對馬小霞說：「女性創業一個最大的挑戰就是用人，而用人最大的突破在於信任人，所以，這個是我的建議。」

還有件事不得不讓人對馬雲的魄力刮目相看：2003年，公司五百多人的規模難以維繫，董事會一致要求裁員，這給馬雲出了一個不小的難題。因為公司剛剛壯大起來，並且這些員工全部都是和他一起「出生入死」的兄弟姊妹，他們熱愛網路事業，熱愛這個大家庭，他們陪伴公司從幼稚走向成熟、從無知走向有知、從弱小走向強大，是他們撐起了阿里巴巴的今天，他們都是了不起的平凡人，公司想要度過難關不能離開這些員工。於是，他用強而有力的證據說服了董事會，採納了他不裁員的冒險意見。

對於一個企業家來說，說話不是難事，但要落到實處卻特別難。欲做好一個管理者，首要任務就是會用人。在用人的過程中，絕不可學項羽，懷揣婦人之心，要學就要學劉邦的用人策略，大氣恢弘，不拘一格降人才，只要有真才實學之士，便給予充分信任，放手使用，按功論賞。所以，張良、蕭何、陳平、韓信等歷史名將，助劉邦成就了帝王霸業。馬雲也是把信任作為用人的第一準則，由此走上了成功之路，創造了一個網路帝國。

綜觀古今，大凡有權之人，都有疑慮之心，眼睛慣於窺探著周圍的人，擔心出現反叛者，結果以自己的猜忌來對待別人，周圍的人便沒有一個可以依賴的。比如，秦末農民起義領袖陳勝就是一個多疑的人，他用人而疑之，每派用一人，又派監視之人。結果弄得眾叛親離，本來忠心耿耿之人，也因為他的猜忌而離開了他，最後起義也只能以失敗而告終。中國的兵書中說：「三軍之災，莫大於狐疑。」用人之災，也可以說，莫大於猜忌。

◆「用人不疑，疑人不用」，見證用人成功法則

湯瑪斯．薩喬萬尼說：「要改善我們的收穫，就意味著要改善我們的眼光。」的確，眼光決定視野，視野決定高度。要想成就事業，首先就得在用人方面有眼光。萬軍易得，一將

難求！看準人才，大膽使用人才，並在人才的使用中，給予其最充分的信任、關懷和引導，包容其身上的缺點，做到揚其所「長」，避其所「短」，不苛求人、不詆毀人，在真誠的幫助和欣賞中完善他人的人格，同時也完善自己的人格，這才是管理的得道之處。

在用人決策中，馬雲認為疑人不用乃是至關重要的一步，如果覺得這個人可疑，不能放心，最簡單的辦法就是不要用他。其實，作為老闆，應該具有容人之量，既然看中了人，就要充分相信他，放權、放膽讓其施展才華。在這方面，馬雲無疑是成功的實踐者。

「用人不疑，疑人不用」幾乎是中國人的一大傳統，也是中國官方和企業管理階層用人的標準。因為不疑，所以放心，所以可以做出成績，所以事業可以持續發展。劉備「弘毅寬厚，知人善任」，從不懷疑忠心耿耿的部下，劉、關、張、趙和諸葛亮一起譜寫了天下亙古傳奇，因而，劉備的家業號稱是親情凝聚的典範。張飛，可以腥風血雨先打下一塊小地盤，等著劉備來作主當家；趙雲，可以冒生命危險，救劉備的兒子；諸葛亮，受劉備臨終重託，「鞠躬盡瘁、死而後已」……這正是因為劉備在用人方面有著一套讓人佩服的原則，那就是信任。而不少老闆的用人標準卻是「且疑且用」，處處防著自己的員工，從不把員工當自己人，以致最後把員工逼急了，只能落個兩敗俱傷的結果。掠奪員工的利益，員工可以退讓；漠視員工的需求，員工也可以忍耐，但「君視臣如土芥，臣視君如寇讎」的勞務關係肯定不能長久。敬業的員工與負責任的領導之間，誰是因、誰是果就難以分辨了。

因此，無論從哪個角度來看，在商場都應該宣揚「用人不疑，疑人不用」的法則。而馬雲無疑是這方面最虔誠的宣揚者、守護者和實踐者。

馬雲的人生哲學

其實，企業在用人方面有許多做法，但要使人才充分發揮自己的聰明才智，信任是最為重要的。信任才是用人的第一標準，簡單一句話，卻很有見地。幾十年如一日，馬雲始終不渝地堅持著「用人不疑，疑人不用」的原則。在馬雲看來，既然你選擇了他，便不應懷疑，不應處處不放心；如果你懷疑他，便不要用他好了。用而疑之，實際上是最失策的。

4 絕不能把員工的胃一次撐大

人才是無價之寶，是企業最寶貴的資產。企業用人除了要對員工不斷進行培訓外，還要重視替換更新，即懂得吐故納新，有進有出，才能擁有一支精明能幹、廉潔奉公的員工隊伍。員工很重要，但讓員工永遠竭盡所能地為自己效力更重要。馬雲曾說過這麼一句話：任何一家公司的發展都離不開員工的辛勤與汗水！但絕不能把員工的胃一次撐大。是的，員工就像一棵棵正在成長的小樹苗，你不能一次就把所有的肥料都給它，而應該分階段施肥，這樣才能讓它長成參天大樹。

◆合理分配是讓員工為你效力的法寶

從前，有一個沿街乞討的老乞丐，一直過著饑寒交迫、食不果腹的日子。在一個下雪的冬夜，老乞丐試圖為自己尋找一個溫暖的地方來度過這個寒冷的夜晚，走著走著，他突然重重地摔倒了。當他慢慢地爬起來時，卻發現一隻斷了腿的狗橫在馬路中央，狗用絕望的眼神望著他，還噙著淚花。老乞丐的胸口一痛，就救下了牠，並帶牠到一個牆角下度過了這個寒冷的夜晚。

此後，一人一狗相依為命，慢慢地，這隻可憐的流浪狗腿傷基本上痊癒了。老乞丐每天在垃圾堆裡為狗撿人們吃剩的骨頭，但骨頭的數量遠遠滿足不了這隻狗的胃口，老乞丐看在眼裡，疼在心裡，但沒有辦法，因為他每天也餓著。

當這隻狗的腿傷完全好了時，老乞丐對狗說：「走吧，在這兒你會餓死的，去找一位好主人吧！」然而這隻狗只是一味地搖著尾巴，圍著他不停地轉，好像在說：「我不會離開你的。」

老乞丐被眼前的一幕深深地感動了，他在心裡想：活了這麼大的歲數，此刻他有了一生從未有過的成就感。老乞丐用顫抖的雙手摟著狗的腦袋，久久不肯放手，他在心裡發誓要與牠相依為命，度過自己的殘生。就這樣，他們雖然總是餓著肚子，但是卻快樂地過著日子。

有一天，他們在一個飯店門口享受了一頓意外的美餐。最後，老乞丐吃得都挪不動腳步了，狗看著剩下的一大堆骨頭也沒有了胃口，一主一僕，完全沉浸在這頓美餐帶來的喜悅中。

但是，美好的場景總是曇花一現，此後他們依然要面對饑餓。老乞丐倒無所謂，他已經習慣了這種生活方式，而狗則不同了，牠從來都沒有吃過這麼美味的飯食，那頓美餐讓牠難以忘懷，終於牠還是選擇離老乞丐而去。

當老乞丐看到那隻狗在飯店門口不停地搖著尾巴時，他嘆了一口氣，含著眼淚離開了。

雖說這只是一則寓言，但是小故事中卻蘊含著大智慧。老乞丐與狗從相識到分離，所發生的事是那樣突然，卻又有著必然的因果關係，因為老乞丐根本就滿足不了狗對骨頭的需求。

這則寓言在阿里巴巴集團卻備受歡迎，因為它的寓意正恰到好處地表達了人才與公司的「薪資」是密切相關的。眾所周知，在各大企業中廣泛使用的薪資制度是「薪酬激勵」，這是讓所有企業管理者頭疼的難題，它猶如一把「雙刃劍」，既是企業發展的「發動機」，又是一個無所不能的「破壞者」。有的企業管理者認為，人才是企業發展的前提，對他們的獎勵一定要到位，絕不能含糊不清，其實這種認識是片面的。馬雲認為：一個人的慾望是無止境的，員工也不例外，而慾望又是一個人前進的動力，所以作為企業的管理者，看到員工有慾望是好事，但重要的是要懂得利用這種慾望，而不是無條件地滿足。不提倡企業在員工身上節約成本，關鍵是在獎勵的方式上，給他點甜頭，讓他永遠為你賣命，這才是上上之道。在阿里巴巴，馬雲一直懂得如何才能讓自己的付出得到最大的收益。馬雲說：「比如，有一個老闆準備拿出5,000元獎勵某個員工，一次全部給他的效果應該沒有比分五次獎給他的效果為好。」

為何會這麼說？其中蘊含的道理大著呢！分時段、分金額獎勵員工，會讓員工受到激勵，從而能不斷地產生動力，發揮最大的潛能，這就是人們常說的「分步激勵法」。而在阿里巴巴，這種獎勵制度一直被奉為圭臬。

據心理專家研究發現，在員工的心裡，獎勵的金額可能不如獎勵的次數重要，這就產生了“1＋1＋1＋1＋1＞5”的現象，為什麼這個不等式中會有「大於」符號出現呢？因為在不等式的前邊隱藏著「員工心理」的成分。假如把所有的獎勵一次到位，日子久了，他肯定會不滿足眼前的一切，希望能得到更多；如果不能繼續得到滿足，他會生出許多怨言，有的人甚至會因此而離開公司去尋求所謂更好的發展。可見，「才」固然重要，但是合理的管理制度更為重要，1＋1＋1＋1＋1雖然等於5，但它所產生的效果卻比5大得多。這也就是所謂的心理戰術，善於利用此戰術來用人，定能創造出不凡的成績。

◆獎罰要分明，激勵要得法

阿里巴巴一貫的聘用原則是，「公開招聘、公平競爭、擇優錄用、考核晉升、雙向選擇、來去自由」，並且公司還在最引人注目的地方張貼著「任人唯賢，論才錄用，選賢任能，優勝劣汰，論功行賞，獎罰分明」的口號。可見，馬雲對員工的獎罰及對員工積極性的調動是非常重視的。

我國古代就已經有人注意到賞罰分明的重要性，李宏齡說：「人才之興，全憑鼓舞。若賞罰之際不能允洽，則賢能無由奮起，而不肖者反得夤緣而上，成敗所關，豈淺鮮哉！」賞罰分明是一種有效的激勵手段。現代企業不僅要有賞有罰，賞罰分明，而且應深明賞罰之道。尤其是賞，即物質和精神上的激勵，亦是養才之道。不能一味地獎，因為企業需要獲利，獎勵多了不但會加大企業負擔，而且會形成「不獎不幹活」的惡果。只有適當的獎，才能起到激勵的效果，才能更有效地推動企業的發展。

凡是有所作為的企業家無不懂得人是需要激勵的，特別是對於優秀人才，更需要以適當的激勵來使他們為企業創造更多的財富。領導者採用各種激勵手段來調動職工的積極性和創造性，這也是企業經營取得卓著成效的根本措施。

馬雲的人生哲學

當今社會，人才，特別是中高級管理人才，已經成為企業爭相搶聘的對象。在大多數企業看來，唯有高薪才能留住或者吸引更多的人才，於是他們高薪聘請人才，但遺憾的是，人才引來了卻留不住。究其原因，就在於領導者用人不得法，不懂得員工的胃不能一次就把它撐大。與其讓有創造性的人才一次性吃飽，還不如用「分步激勵法」不斷地讓他發揮潛能，創造價值。

5 創辦偉大公司要靠員工而非領導者

偉大的公司，一定是那些不斷把員工變得更有尊嚴、更有獨立人格的公司。綜觀古今，大多數組織的成功，其管理者的貢獻平均不超過兩成，任何組織和企業的成功，主要都是靠員工而不是靠領導。

毋庸置疑，領導與員工之間的關係，是以感情、共同的目標為紐帶的，只有把這些很好地串聯起來，才能打造出一個無敵的公司。其實，領導者的作用就是把所有分散的力量集中在一起，而這些分散的力量才是企業發展與前進的所有推動力。可以說，偉大公司的創立是靠員工，而非領導者。

◆員工與老闆，哪個更重要？

一個企業之所以強大，其原因是什麼呢？

這個原因就是員工們為了一個卓越的目標共同全力以赴，默默地奮鬥。員工在整個企業中所起的作用是不容忽視的。

馬雲在完成對雅虎中國的併購後，在原有的阿里巴巴、淘寶網的基礎上，又整合了雅虎中國、一搜、3712等數十種產品。更值得一提的是，馬雲的做法有意無意間驚動了全世界最強大的競爭對手，包括eBay、Google，也包括新浪、網易，這些正向電子商務領域邁進的大企業，已對馬雲和他的「阿里軍團」帶來了前所未有的挑戰。

馬雲在主持併購雅虎中國之後的第一次員工大會時，作為領導人，他開口的第一句話就是：「歡迎回家！以後只有一家公司。」在雷鳴般的掌聲中，馬雲張開雙臂，高喊著這句話。緊接著又說道：「在我眼裡，以後只有一家公司，就是阿里巴巴。六年前，阿里巴巴的員工在我家裡上班；今天，偌大一個大會堂已經裝不下我們的員工；我希望再過六年，我們的員工大會可以在萬人體育館開。」

這一天，阿里巴巴的所有員工從全國各地聚集在杭州「受訓」。雖然只有短短四十多分鐘，但馬雲卻用了一段酣暢淋漓的演講把自己的整合「前奏」完整地表述了出來，其一貫的激情燃燒著在場的三千餘名員工。

在馬雲的帶領下，每一個阿里人都非常努力，在短短六年裡，阿里巴巴飛速發展，但馬雲依然不滿足，他說，這一切離我們的理想還差得遠，我們要創造一個中國人自己的、最偉大的公司。他表示，2009年舉行阿里巴巴十周年慶典時，要進入世界五百強，他們要做一百零二年的企業。同樣，微軟的創始人比爾．蓋茲曾經說過：「在社會上做事情，如果只是單槍匹馬地戰鬥，不靠集體或團隊的力量，是不可能獲得真正成功的。這畢竟是一個競爭的時代，如果我們懂得用大家的能力和知識來面對任何一項工作，我們將無往不勝。」而這正是馬雲所擅長的。馬雲知道，就像在戰爭中一樣，員工之間只有互為依靠，協同作戰，才能以最小的損失贏得最大的勝利。俗話說，「三個臭皮匠，賽過一個諸葛亮」，「臭皮匠」們能勝過足智多謀的「諸葛亮」的法寶，就是相互協作、互相補充。在美國矽谷，流傳著這樣一個「規則」：由兩個MBA（工商管理碩士）和MIT（麻省理工學院）博士組成的創業團隊，幾乎是獲得風險投資人青睞的保證。當然，這也許只是個捕風捉影的說法，但裡面蘊含著這樣一個道理：一個優勢互補的創業團隊對於企業是舉足輕重的。所以，在職場中，一些單位往往會將不同性格的人安排在一個團隊內，以達到性格互補後的平衡。

由此也可以看出，員工對於一個企業、一家公司是多麼重要。從阿里巴巴的創業史可以知道，如果沒有員工的熱忱和默默付出，就不會有阿里巴巴的今天，更不會有馬雲這個「狂人」的存在。正是由於共同的目標，才讓他們走到了一起，成就了中國網路帝國，也成就了馬雲。

◆老闆、員工團結一致才是取勝之道

在商場上，不管是領導人還是員工，只要團結一致，迎難而上，必能從荒無人煙的沙漠中找尋到一片綠洲。沒有永遠的老闆與員工，老闆與員工在一起，不僅是一起工作，更是在一起分享成功與失敗、快樂與悲傷。馬雲深知其中的奧妙，所以繼續以他的「偉大使命」鼓動員工：「這些夢想我從來沒有改變，我希望你們也沒有改變。未來，我們會發展得更快。我相信在一年內中國互聯網將發生巨大的變化，這個變化一定是在阿里軍團帶領下產生的。」

馬雲在創業之路上，時常對員工說：電子商務的前景非常樂觀，但是未來電子商務的發展依靠的不僅僅是客戶數量、服務品質，更重要的還有技術。同時還表示，所有的員工和他應有同樣遠大的夢想，只有團結一致才是取勝之道。

一個公司的發展不能少了積極能幹的員工，更不能缺少一個有遠見、懂得識才用人的好領導，馬雲正是這樣一個會利用民心，達到「自己發展，員工也發展」目的的優秀領導者。阿里巴巴的發展之神速，雖說讓人雀躍不已，但是未來誰也無法預測，如果災難降臨怎麼辦呢？馬雲非常有遠見地提出了這個問題，他向員工呼籲：「未來兩年不管發生什麼事，希望大家都能留下來。我們還很年輕，但時間不等人，我們必須邊跑、邊幹、邊調整。將來公司會保持10%的員工淘汰率，但只要不是罪不可恕，我都歡迎你們回來！」就這樣曉之以理、動之以情，不迴避困難，而是直接告訴員工，讓員工參與進來，一起解決。他的目的只有一個，那就是讓三千多名員工團結得像一個人，一起向同一個目標奮勇前進。

而這個目標就是「偉大的公司」，通過這一目標，馬雲成功「燃燒」了三千人，吹響了整合的號角。「創辦一個偉大的公司，靠的不是一個領導人，而是每一個員工。我不承諾你們一定能發財、升官，我只能說——你們將在這個公司裡遭受很多磨難、委屈，但在經歷這一切以後，你就會知道什麼是成長，以及怎樣才可以打造偉大、堅強、勇敢的公司。」正是這樣，使得阿里巴巴在市場的汪洋大海裡，依然如一艘乘風破浪的「航空母艦」，勇往直前。

馬雲的人生哲學

每個員工都有他特有的個性，一個優秀的領導者就應揚長避短，使員工們互相合作，其所產生的合力，要大於成員之間的力量總和，這也就是所謂的“1+1>2”的道理。一個領導再怎麼努力奮鬥，最終不敵兩個員工的實力。一個優秀領導的背後站著更多為他付出的員工。只有一個重視合作精神的企業，才有可能在激烈的市場競爭中始終保持勝利的紀錄。

6 不能讓雷鋒穿有補丁的衣服上街

人才已成為當今企業間相互競爭的核心力量，企業的發展離不開人才，除了要招募人才，還要會正確對待人才。古今中外，治國也好，治企也罷，得人心者得天下，失人心者失天下。這是一個恆久不變的真理。不瞭解自己員工的心裡所想和所需的，必是一個失敗的領導者，這樣的企業也不會長存。

隨著社會不斷發展，人才的需求量也在不斷成長，社會的發展需要人才，企業的壯大需要人才，人類的進步更需要人才。馬雲說：我們需要雷鋒，但不能讓雷鋒穿著有補丁的衣服上街去。僅僅慧眼識才是不夠的，還要給人才以優越的禮遇才行。企業想要發展壯大，除了自己培養人才以外，還要不惜重金，從同業及各管道聘用賢才，真正地實現人才的付出與收穫成正比。商場上的競爭與其他任何行業的競爭一樣，說到底其實就是人才的競爭、智力的競爭。

◆憑什麼留住人才

馬雲曾對林立人說過這麼一段話：我認為你是一個很好的市場推廣員，也是一個很好的銷售員。你領著五十多人，業務越做越好，但是五十多人後來卻剩下不到三十個人，你知道為什麼會這樣嗎？因為你能帶著大家打天下，卻不會關注員工的所需，所以我說你是一個優秀的執行長，但不是一個優秀的管理者。

馬雲認為企業做得越大，講話越要實在，越要關注細節。因此，馬雲對阿里巴巴所有的部門領導提了一個建議：目標要明確，明白自己想要什麼，更要明白自己的員工想要什麼。

也許你很善良，有激情，也很幽默，會講很多故事，但你作為一個企業的領導者，必須務實，要明白不能讓雷鋒穿打補丁的衣服上街去的道理，應在成功的時候與他們一起分享喜悅，這是留住人才的關鍵，也是企業發展的關鍵。

「雷鋒」在此無疑就是人才，是具有經濟價值的一種資本。能否充分挖掘並利用人才，關係到企業能否在競爭中求生存、謀發展。大家都知道，如今人才難尋，所以，留住已有的人才很重要。那麼，企業怎麼才能留住人才呢？一般情況下，只有這三種可能性：事業留人，待遇留人，感情留人。的確，為人才搭好事業的平臺，為其提供良好的待遇，給予最真誠的情感，是留住人才最好的手段。在多年的實踐中，這三種方法已得到了一致認同，並且已被普遍運用於各大企業。

但凡人才，勢必會以事業為重點，以良好的事業發展為目標，但前提卻是薪水問題，這是生存的保障。所以，如今靠事業、感情留人的效能已大打折扣，反而待遇留住人才的效能得到了增加。老總們老是抱怨好不容易培養出一個好苗子就走掉了，真是太對不起自己了。其實，人才留不住還應該從自身找原因：他們離開公司，是因為沒有兌現當初對他們的允諾？還是他們的付出沒有得到應得的回報呢？

◆重金聘用，禮遇賢才

二十一世紀給「地球村」的人們帶來了許多新的課題，而「人才問題」無疑是最具魅力的一個。

阿里巴巴與其他企業之間的競爭，實質上是人才的競爭。因此，馬雲認為：任用賢者，就要給賢者以應有的物質利益，這樣賢者才樂意為你服務。過去，限於各方面的條件，人才只能在國家機關中尋找發揮才能的機會，國家機關是成就人才事業的重要陣地。但是如今不同了，在現代化建設突飛猛進、各項事業蓬勃發展、人才競爭異常激烈的今天，處處都需要人才，無論國家機關還是私營企業都是人才的用武之地。如果只雇用卻不關心賢者的物質利益，或者論資排輩壓制賢者，那賢者也就只能另謀出路了。

美國是一個科學技術發達的國家，這與它特別重視人才培養與發展是分不開的。在一次集體會議上，馬雲為在場的所有人講了這麼一個故事：

在荷蘭，有一位研究生研製出一種電子筆記本和一套輔助設備，可以用來修正遙感衛星拍攝的紅外線照片，這項重大發明引起了全世界的注目。美國的一家大企業聞訊後，馬上派人找到那個研究生，以優惠的待遇為條件，動員他到美國去工作。荷蘭一些公司也千方百計想留住他。於是，你給他加薪，我再加薪，搞得不可開交。最後，精明大膽的美國人決定，只等荷蘭公司什麼時候訂下最後的薪資了，他們在此基礎上乘以5。就這樣，這位研究生連人帶發明一起被請到了美國。「盡人」者，人才到了他的手裡就像魚兒回到海裡，鳥兒飛到藍天，他會想盡辦法讓人才施展才華，從不怕自己被超越。所以，才有「良禽擇木而棲，良臣擇主而事」的說法。

今天，在競爭激烈的商業市場，要想占有一席之地，開創一片屬於自己的市場，靠一個人的努力是遠遠不夠的，只有慧眼識英才，並禮遇賢才、納為己有，共同努力才能實現目標，才能在商場立於不敗之地。

馬雲的人生哲學

目前，阿里巴巴發展勢頭良好，正處於下大力氣去營造良好工作氛圍的關鍵階段。只有讓所有的「雷鋒」緊密地團結在一起，並以事業為根本、以待遇為基礎、以感情為紐帶、以制度為保障，才能夠留住人才，用好人才，實現公司提出的人才戰略，從而促進阿里巴巴更快地發展。

7 我們需要的是獵犬

獵犬是獵人的好幫手，牠活潑、忠誠的天性為自己贏得了難以撼動的地位。在馬雲的思維裡，只有獵犬才是阿里巴巴最需要的。

馬雲曾在一次大型招聘會上說：「對阿里巴巴來講，期權、錢都無法和人才相比。員工是公司最好的財富。有共同價值觀和企業文化的員工是最大的財富。今天銀行利息是兩個百分點，如果把這個錢投在員工身上，讓他們得到培訓，那麼員工創造的財富遠遠不只兩個百分點。」1999年春天，在馬雲的精心培養下，十八個有共同夢想的兄弟和他擰成一股繩，共同拚搏，打下了阿里巴巴堅實的基礎。如果沒有這些為公司盡忠盡職的兄弟，僅憑馬雲這個不懂電腦的夢想家，怎麼可能成就阿里巴巴今天的輝煌呢？

◆「獵犬」——企業的最寶貴財富

「二十一世紀什麼最貴？答案是：人才。」人才在當今企業的發展過程中起到了關鍵性作用。仔細看看如今林立的企業，有的曾經無比輝煌，可惜卻如曇花一現。原因是什麼呢？記得列夫・托爾斯泰說過：「幸福的家庭都是相似的，不幸的家庭卻各有各的不幸。」把這句話稍稍修改便成了：成功的企業都是一樣的，失敗的企業卻各有各的原因，但有一點是共同的，那就是在用人方面都是失敗者。在折戟沉沙的企業面前，另一批企業巨輪揚帆遠航，追尋成功的足跡，它們無疑都是選人用人的成功者，在他們的企業裡聚集了一批實力雄厚的人才。也許有少數的企業家自認為只要有了錢，就能手到擒來，殊不知，人才是真正關係企業生死存亡的關鍵因素。比爾·蓋茲曾經說過：「如果可以讓我帶走微軟的研究團隊，我可以重新創造另外一個微軟。」

在阿里巴巴，馬雲十分重視人才，自然對人才有自己的評價機制。他通常通過考核把員工分為三大類：首先是有業績，但價值觀不符合的，被稱為「野狗」；其次是事事老好人，但做不出業績的，被稱為「小白兔」；最後，有業績也有團隊精神的，被稱為「獵犬」。對於野狗，無論其業績多好，都要堅決清除；小白兔也會被逐漸淘汰掉。阿里巴巴集團資深副總裁鄧康明也說，阿里巴巴需要的是「獵犬」，而不是「小白兔」和「野狗」。當然，對「小白兔」可以通過業務培訓提升他們的專業素質，而對於「野狗」，公司在教化無力的情況下，一般都會堅決清除。

吸引新員工加入是企業不斷進步的願景，阿里巴巴也不例外。面對員工加倍成長所帶來的嚴峻考驗，馬雲表示，阿里巴巴業務神速發展，需要大量新鮮血液加入，「我們只能摸著石頭過河，因為這個行業裡沒有榜樣可供我們借鑑」。

作為一個有使命感的領導者，怎麼讓員工從心裡認同企業文化，為一個共同的目標去創業、去奮鬥，而不僅僅是把工作當成一種職業或養家餬口的工具，這非常重要。教育界有這麼一句話：只有差勁的老師，沒有差勁的學生。在這裡我們是否也可以套用一下：只有差勁的上司，沒有差勁的下屬。為何會這樣說呢？因為公司的大部分資源都掌握在上司手中，上司可以用資源和管理手段來調動下屬的工作熱情。最差勁的上司就只會自以為是地使用一種管理方法。其實這是非常錯誤的。馬雲所帶領的阿里巴巴團隊，被人們稱為「能創造不平凡帝國的平凡人」，可見，馬雲是一個非常懂得人才重要性的領導者。他知道一個偉大公司的壯大和發展都離不開人才，人才才是公司最寶貴的財富，而這也正是馬雲「狂」的資本，也是阿里巴巴最有力的後援。

◆阿里巴巴「擇才」的標準

企業與企業之間的競爭，關鍵是人才之間的競爭，人才是一個企業發展和競爭的核心力量。馬雲就說，他需要的是一個唐僧團隊，有人天馬行空，也要有人腳踏實地；有人天性好動，就必須有人穩重；有人超前，就要有人壓陣，通過互愛、互敬、互勉等逐漸磨合，形成優勢互補、取長補短、相互克服、相互激發之勢，最終實現個人與企業的最高價值。

在這個時代，企業要做大，就要重視人才。馬雲非常清楚這一點，他把人才吸納與培養作為頭等大事。那麼，馬雲和阿里巴巴在選擇人才時，是如何定位的呢？在馬雲思維裡的「獵犬」又是怎樣的人才呢？

第一，誠信和熱忱是衡量一個員工的首要素質。馬雲認為這是最基本的品質，是天生的，後天很難培養。

第二，要具備學習能力。學習能力是員工最大的財富，只有具備很強學習能力的人，才能促進自己與阿里巴巴的不斷發展。

第三，要有適應變化的能力，具備良好的專業素質和職業素質，善於溝通，易於團結。

第四，時刻保持樂觀積極的心態。健康積極有朝氣，對行業充滿興趣與激情，渴望成功。

在馬雲看來，具備了以上四點，還是不能斷定他或她就是阿里巴巴所需要的人才，還得從結果上判斷，從過程上判斷，從他身邊的人判斷，更重要的是讓他推薦其認為最優秀的人，從中判斷他是不是真正優秀的人才。

馬雲的人生哲學

假如你要建大廈，人才就是你的棟梁；假如你要修長城，人才就是你的基石；假如你要做企業，人才就是成功的通行證。如果你想把企業做大，不想當一個小作坊主，那就必須重視人才。無論做什麼事業，人才都是成功的保證。

第五章　管理哲學

——定位決定地位

要是公司裡的員工都像我這麼能說，而且光說不幹活，會非常可怕。我不懂電腦，銷售也不在行，但是公司裡有人懂就行了。

——馬雲

管理在企業的創立、經營過程中都起著承上啟下的關鍵性作用，一個企業想立足於社會，就離不開管理。馬雲最欣賞唐僧師徒，在他看來，一個企業裡不能全是孫悟空，也不能都是豬八戒，更不能一律是沙僧，只有四種人都有的組合才是一個明星團隊。正因如此，阿里巴巴從開始創業起，就有著自己獨特的管理方式。

1 用東方的精神、西方的管理模式

馬雲一直認為只有運用東方的精神，再加上西方的管理模式，才能稱得上真正的管理。他說：東方人有著濃厚的智慧積澱，但在商業運作能力上有所欠缺，比如家庭企業、小資本主義、小心眼等，這些體現在中國管理者的身上是不足為奇的，因為它反映出中國歷來的管理方法，歷經千百年仍無法蛻去的理念，但這種管理制度在如今的企業是要不得的。因此，在公司管理、資本運作、全球化的操作上，馬雲毫不含糊地「全盤西化」。

◆東方精神與西方管理精采激盪

馬雲認為，對於一個企業而言，如果缺乏管理理念，它就是一個沒有靈魂的企業，一個沒有理念的網站也將是一個缺少靈氣、無法聚集人氣的網站。只有東方的精神與西方的管理相結合，才能激盪出漫天燦爛的火花。

西方國家因其在商業方面的建樹，已成為發展中國家的榜樣。所以，馬雲在創辦「中國黃頁」時，就強調公司的管理制度要採用西方模式，嚴格保證事業以高效嚴謹的模式運行。馬雲深深地感受到西方企業趨於完美的管理，他說：只要有幾個平方米的空間，一個腦袋就足夠。另外，美國人的股票一直居高不下，但是回過頭來看，亞洲卻連一支好的Internet股票也沒有，所以馬雲堅信：下一個浪潮一定是我們這一批人衝過來的。有人說Internet是泡沫經濟，馬雲卻說它是一杯啤酒，一半是泡沫，下面的東西總是有的，一旦泡沫都沒了，啤酒也沒味道了。

關於競爭對手，馬雲有他獨特的見解，馬雲認為他們只能夠拷貝一個網站的模式，但無法拷貝這個網站的管理制度。他在總結中國IT業的得失後認為，一艘良好的船，擁有一支素質良好的船員隊伍固然重要，但是同時具有東方的精神和西方的管理模式才是最根本的。

和馬雲一起創業的十八個人，現在都在公司擔任著不同的職務，而且他們個個都是精英。現在公司的管理隊伍中不斷地有海外力量加入，馬雲時刻提醒自己，待公司壯大後，一定要派些有志之士去海外學習西方正規的管理方法，或者到國外的公司工作幾年再回到阿里巴巴。其目的就是讓他們不斷吸收外來的先進科技及管理技巧，不要一味地蠻幹與守舊。而馬雲的這些做法都充分貫徹了他在創業之初所說的話：東方的智慧＋西方的運作＝點燃世界網路帝國的火花。要想讓企業長期發展下去，必須時刻關注西方市場。中國人雖然充滿智慧，但在具體的運作能力上遠遠不及西方，所以在公司管理方面要用系統化來保證公司的健康發展。

◆打破常規，不走尋常路

在阿里巴巴公司洗手間的門板上貼著一張特別引人注意的宣傳畫，其主題為「創新來自蹲下去的那一瞬間」。阿里巴巴的高層管理人員認為，創業就是一個不斷創新、不斷完善的過程，只有不斷創新，才能推動企業的發展，才不會被競爭對手打敗。

在中國，幾乎所有的大型互聯網公司都能在美國找到自己的母版，唯獨阿里巴巴，從出生開始就是標準的中國胚胎。業界人士認為，不走前人路，是阿里巴巴成功的重要原因。

一個人在做事時都要思前想後，講究策略，更何況一家有著上萬名員工的企業呢？一個企業最好的模式便是把能做到的事情，做得更完美。馬雲對公司的要求是：千方百計把網上交流做好，把資訊做好，把今天的事情做好，這是最重要的策略。他對員工們說：把一些最艱巨的工作留給IBM，留給其他的高科技公司，而阿里巴巴要做的是後發制人。

當然，也有許多人不贊成馬雲的這種運作模式，因為在目前沒有成功的案例。在互聯網的谷底時期，採用這種模式的公司都關門了，而阿里巴巴卻越來越強大。阿里巴巴從不聽投資者的意見，不看媒體的臉色，更不聽互聯網分析師的叫嚷，用馬雲的一句話來說就是：打破常規，不走尋常路。

所謂模式，無非是你把成功的經驗取出來，放到其他地方拷貝。馬雲個人認為，今天的互聯網沒有成功的模式，只有失敗的模式，現在任何一家網路公司都不能說擁有成功的模式。世界上沒有最好的模式，只有最適合自己的。只有通過不斷的開拓創新，才能找到適合自己的一個運作模式，任何抄襲的東西都難以長久。

馬雲的人生哲學

中國企業管理中最大的難題是：如何管理好一個公司？馬雲給我們指出了一條光明大道，創業者光有激情和創新是遠遠不夠的，還需要一個很好的體系、制度、團隊以及一個良好的獲利模式。他還堅信最優秀的運作模式往往是最簡單的東西。最後他還提出，用東方的精神、西方的管理模式才是一個企業最完美的結合體。

2 文化是企業的DNA

DNA是一種信息，它完整地記錄了生物將要生成的模樣和所具備的各項功能，是生命得以延續和發展的保證。同樣，企業要想得到長期的發展也需要一種DNA，那就是企業文化。對於企業來說，其構成組織的細胞無疑就是——員工。每個員工只有在企業DNA的意識主導下，才能進行正常的工作，才能達到前所未有的成效，才能讓企業長久健康地發展下去。但是，細胞的DNA會發生突變，換句話說，企業中的個人思想也會發生變化，變好了企業會有所進步，變壞了企業就會出現波動。在這種情況下，企業就需要經常對員工進行思想教育，讓企業的DNA更具活力。事實也證明了這一點，只有強勢的企業文化才能讓每個人有強烈的使命感，並保持和促進企業文化。總而言之，一個企業的文化一旦形成，不管其今後發展如何，它的企業DNA將會長期保留和發展，也許這就是百年企業生存的祕密所在。

◆文化是企業發展的重要支柱

馬雲曾這樣說過：「必須堅持理想、使命感、價值觀，使之一代代地傳承下去。就像DNA一樣，一個公司的人可以老去，但是這個企業的文化必須繼承下來，一代代傳下去，如此才能有不斷的創新，企業才能取得不斷的發展。」可見，企業文化對一個企業的發展是多麼重要。

對於企業文化的重要性，馬雲用上述一席話給我們做了很好的解釋。好的企業文化能讓企業有吸引力、凝聚力、激勵力及一種向上的力量。反之，不好的企業文化，會使企業運作不力、效率降低，遲早會被市場淘汰。

阿里巴巴自誕生起，馬雲就將企業文化放在生產、經營、管理等過程中孕育，使之逐漸形成和發展。而如此形成的企業DNA也映照出其獨特性格，它是一種看似無形卻實有的精神文化。馬雲正是看重了它比規章制度更能說服人，比管理者更有管理員工的資歷，所以把企業文化提了出來，將之作為做人做事的準則。企業的DNA是存在於企業中的一種黏合劑，能把企業內部的各種力量匯聚到一個共同的奮鬥方向上；它又是企業的靈魂，是推動企業持續發展、快速成長的強大精神動力。

企業文化長久以來都面臨著幾種不同的境遇，有人將之放於神壇，過度誇大其對企業發展的重要性；有人不重視企業文化的作用，把它當作可有可無的裝飾品；有的企業則精心打造企業文化，使其充分發揮作用，促進企業的發展。然而，不管企業家如何給其定位，企業與企業之間的競爭在歷經產品競爭、價格競爭、服務競爭、品牌競爭等眾多階段後，企業文化競爭將逐步被推到幕前。企業只有致力於打造具有核心競爭力的企業文化，才能有效促進企業的不斷發展與創新，增強企業的生命力。

如果企業能夠將優秀的可執行的企業文化根植於員工心中，並使之作為員工信仰，由此而產生的力量是極為強大的。企業不必苛求自己一定要有一個圖騰，但需要把一種易認同、易執行、易感染的企業文化作為一種共同信仰，只有這樣，才能使企業文化發揮出戰略支持作用，使員工們朝著一個方向努力，並最終取得成功。

◆馬雲的企業文化觀

提到阿里巴巴，人們熟知的是那個在國際互聯網上演繹的中國傳奇——全球國際貿易領域最大的網上交易市場和商人社區、全球企業間電子商務的第一品牌。能取得如此成就，跟當家人馬雲的管理有著莫大的關係。在馬雲的管理理念中，阿里巴巴的文化至關重要，是不可改變的。當阿里巴巴收購雅虎中國時，馬雲就曾明確指出：「有一樣東西是不能討價還價的，那便是企業的文化！」

阿里巴巴的企業文化之一便是使命感，這被認為是一個企業發展的驅動力所在。阿里巴巴的第一個目標是做一百零二年的公司；第二個目標是做世界十大網站之一；第三個則是只要是商人，一定要用阿里巴巴。

當一個企業確立了目標之後，就需要進行下一個思考。

2003年，阿里巴巴在B2B領域已經有所發展。關於下一步怎麼走的問題，馬雲說他當時也很迷茫。當站在「第一」的位置上時，往往會不知道應該往哪個方向走，因為排在後面的可以跟著你走，而「第一」卻永遠沒有參照對象。而這次，正是憑藉著一種使命感，憑著阿里巴巴要「讓天下沒有難做的生意」這個使命，馬雲找到了突破口，重新走上了成功之路。「我們做任何事情都是圍繞這個目標，任何違背這個使命感的事情我們都不做。」阿里巴巴每推出一個產品，首先要考慮的是這個產品是否有利於客戶做生意，他們推出「支付寶」也正是出於這個原因。

阿里巴巴的另一個企業文化便是價值觀，它被象徵性地比喻為企業生存的「六脈神劍」。其價值體系為「客戶第一：客戶是衣食父母；團隊合作：共享共擔，平凡人做非凡事；擁抱變化：迎接變化，勇於創新；誠信：誠實正直，言行坦蕩；激情：樂觀向上，永不放棄；敬業：專業執著，精益求精」，而這些對於一個企業長期的經營與發展有著重要作用。在下一個十年內，企業文化將成為決定企業興衰的關鍵因素，馬雲對此深信不疑。

基於公司牢不可破的文化壁壘，馬雲說：「企業文化發展到至善至美的時候，員工就會團結一心促進企業發展了。這就好像在一個空氣很新鮮的環境中生存的人，突然被放在一個污濁的環境裡，待遇再好，過兩天他還是會回到原來的地方。」其實，早在2000年，阿里巴巴就提出了名為「獨孤九劍」的價值觀體系，其中包括群策群力、教學相長、品質、簡易、激情、開放、創新、專注服務與尊重。而現在，阿里巴巴又在此基礎上發展為目前正在使用的「六脈神劍」。

成功的企業都特別注重企業文化的落實，而不是將其視作牆壁上的口號。企業文化不僅僅是一種形式，更是關係企業能否長遠發展的關鍵因素，企業文化是每一個領導者都應該高度重視的公司內部重要問題。

馬雲的人生哲學

文化是企業發展的DNA，一個成功的企業離不開卓越的文化；企業要想基業長青，就必須高度重視企業文化。因為企業文化就好比樹底下的根，扎得越深，範圍越廣，汲取的水分和養分就越多。然而企業文化並不是在專門建構後才存在的，任何一個企業的歷史只要足夠長，就能讓員工形成共同的思維方式和行事習慣，樹立共同的價值觀，就算企業不進行企業文化建設，也會形成其特有的企業文化。我們既可以對企業文化進行自主設計，也可以對已有的企業文化進行改造，使之發展成一種強勢的企業文化，保證它能對企業發展起到積極作用。

3 執行長的主要任務是對機會說“No”

馬雲曾經說過這樣一段話:「看見十隻兔子，到底應抓哪一隻？有些人一會兒抓這隻，一會兒抓那隻，最後可能一隻也抓不住。所以阿里巴巴有一點不會改變：永遠為商人服務，為企業服務。我們不是因為投資者而建網站，我們也不會為了迎合媒體而建網站，我們更不會因為網路評論家們說現在流行ASP而改變方向，我們只做B2B。對於機會，我絕大部分時候都說“No”。執行長的主要任務不是尋找機會而是對機會說“No”。機會太多，只能抓一個。我只能抓一隻兔子，抓多了，什麼都會丟掉。」

這句話確實很有道理！兔子多了，就會顧此失彼，最後連一隻都抓不住！實際上每個人都面臨著抓哪隻兔子的問題。在選擇的時候，我們必須弄明白哪隻兔子肥，哪隻兔子是我們喜歡的，哪隻才是我們真正想抓的。

◆機會太多，只能抓一個

人人都想把握難得一遇的機會，為自己架起到達勝利彼岸的橋梁，但結果往往事與願違，這是為什麼呢？馬雲可以告訴你。

當有很多機會出現時，馬雲不會像其他人那樣「貪心」，也不會像有的人那樣，抓一個是一個，馬雲對「放棄」有著獨特的理解，他認為如果樣樣都想抓住，結果就會樣樣都失去。

馬雲的做法就是有目的地選擇最適合自己的機會，然後全力以赴去把握它。所以，馬雲要告訴那些正在為選擇而徘徊不定的人一個道理：人生中遇到一些可貴的東西固然難得，然而，很多時候放棄就是為了更好地把握。這就是「放棄哲學」。馬雲告訴人們：人的精力是有限的，如果沒有「放棄」，人就會因經不住負荷隨時「爆炸」！

隨著阿里巴巴的不斷壯大，會員及客戶越來越多，並且憑藉阿里巴巴的實力，將有更多的會員和商人加入。曾經就有人這樣問馬雲：「阿里巴巴已經有了四百六十萬會員，你還想要多少？」馬雲笑了，他說這個問題從來沒有考慮過，他也不會花費太多的心思在會員的數量上面，他每天所要考慮的是，如何讓更多的網商通過他們的網站賺到更多的錢。客戶今天給阿里巴巴交錢後，明天仍舊願意付更多的錢，那麼說明他們賺到了錢。機會後面是危險，危險後面是機會。很多人都認為，阿里巴巴的強大為其創造了很好的機遇，這個時候就要把握機會，順勢將阿里巴巴推上最高點。但馬雲卻不以為然，他說：「阿里巴巴現在有七百萬商人，每一個商人的需求各不相同。我們發現，中國每年有三四千家公司在開發新的產品，這些新的產品卻找不到客戶。他們為什麼不以阿里巴巴為開發管道？這就是聯盟。一個團隊的人氣非常重要。阿里巴巴的Logo是什麼？是一張笑臉。」

是的，馬雲比任何人都要看得長遠，從自身去找問題，將阿里巴巴現有的會員利益做到最佳，這個過程也就是阿里巴巴強大的過程。馬雲本著一個宗旨：「為客戶賺錢」，他把心思都花在這上面，就好像在造一個磁場，為了將所有想賺錢的人都吸引進來。放棄，從表面上看是有些損失，但放棄後得到的價值卻遠遠大於損失，人們需要從長遠著眼來分析和處理問題。放棄需要勇氣和膽量，市場行銷不需要仁慈，為了生存得更好或者活著，就要學會放棄，學會更好地掌控方向。馬雲所看中的不是當前眼花撩亂的機會，而是把握手中已擁有的東西，將手中的王牌發揮到極致，這樣，那些機會不用自己去費力追求，也會主動找上門來。

馬雲的放棄並不能歸咎為「笨」，而是極為「精明」的決策，他用放棄換得了更多、更強把握機會的能力，馬雲用行動告訴人們：有時候放棄，是為了更好地把握。當整個世界都苦苦尋覓「新的機會」、「新的可能」時，馬雲無所畏懼地高呼：「執行長的主要任務不是尋找機會，而是對機會說“No”。機會太多，只能抓一個，抓多了，什麼都會丟掉。」這是他給所有管理人的忠告，也是經驗之談。

◆善於做出正確決定

機會來臨，是說“Yes”還是“No”，這是一個選擇題，並不是說面對所有的機會都必須說“No”，馬雲要告訴管理人的是一個理性選擇的思維理念。馬雲是個善於捕捉機會、也善於放棄機會的大師。根據市場實際結合自身實際，馬雲領導的阿里巴巴公司有進有退，有張有弛，正所謂：「身心清靜古為道，退步原來是向前。」馬雲畢業後的第一份工作是教師，由於某種原因，他決定辭職下海，面對市場上的諸多機會，他唯獨盯著電子商務不放。在他成功後，有人問他眼光怎麼這麼長遠，他卻回答說，他只是做對了一個正確的選擇，抓住了一個機遇，並且堅持了下來。

正是馬雲的理性選擇成就了今天的阿里巴巴，以及不斷發展的後來者，如淘寶網、阿里媽媽……一個成功的管理人，就必須有決斷的能力。當企業管理人做出一個決定的同時，就等於宣告了接下來的目標和努力方向，一旦決定錯誤，就等於是方向錯誤，再回頭就等於多走了很多彎路，浪費了很多精力和時間，這對企業來說不僅是損失，更可能是滅亡。

很多人都知道，阿里巴巴創建於浙江杭州。剛開始創業時，所有人都懷著滿腔熱情，以背水一戰的心態籌集了50萬元資金，用汗水築就了今天的成功。然而讓更多人驚訝的是，在創業初期急需投資的時候，馬雲卻拒絕了至少三十八家投資商，並且這些投資商開出的商業條件並不差。之所以會拒絕這三十八家投資商，是因為他們太中國化了，有對管理階層不夠信任的痼疾，馬雲希望投資者和企業管理者各司其職，投資者不得干涉管理階層運作。馬雲採用的是西方的思維方式，高盛等投資機構顯然更符合馬雲的要求，所以，儘管困難重重，他依然拒絕了或者放棄了幾十家投資者。

創業初期的企業最需要資金的注入，如果投資人有投資的意向，多數人會激動不已，但馬雲則不同。馬雲對自己的每一個決定都很謹慎，因為一個領導人、一個決策者，必須對自己的決定負責，一個決定很可能關係到企業的發展及成敗。一個理性的管理人，不能被眼前或表面的利益所誘惑，要勇於對機會說“No”；也要大膽地抓住難得的、適合企業發展的機會，大膽地說出“Yes”。

馬雲的人生哲學

人生的機遇有很多，但只有少數甚至一個機會能改變人生。如果貪多，什麼都想抓住，可能稍不留神所有的機會都會遠遠地離開你。

有道是「有捨才有得」，面對太多的機會，要懂得適時放棄。對於你能把握的機會要勇於行動，對於自己難以把握的機會要勇於放棄，這都是「智」者的行為。不論是在事業上還是生活中，很多事情都需要你做出選擇。一旦做出正確的判斷，就要果斷地摒棄其他，用心去抓住一個。要知道，有時候放棄是為了更好地擁有，輕裝前進，才能不斷擁有新的收穫。保持一顆簡單的心，你會發現其實在奔跑中也可以很沉穩。

4 唐僧式管理：重視“Only You”

馬雲，阿里巴巴的執行長，一個不懂IT的IT英雄，一個對網路一竅不通的網路精英。多年來，憑藉著自己高瞻遠矚的眼光與非凡的管理天分，成為第一位登上《富比士》雜誌封面的中國大陸企業家。

馬雲的成功為他贏得了眾多的榮譽與溢美之詞，提及他的「明星團隊」，馬雲說：「我最欣賞唐僧。唐僧是一個好領導，因為他知道要管緊孫悟空，所以學會了念緊箍咒；豬八戒小毛病多，但不會犯大錯，偶爾批評批評就可以；沙僧則需要經常鼓勵一番。這樣，一個明星團隊就形成了。」馬雲毫不避諱地說，自己最推崇的管理偶像是看似無為卻能掌控三位高徒的唐僧。在阿里巴巴也有和唐僧四師徒相媲美的團隊，稱為「唐僧式團隊」。馬雲說，他們個個擁有自己獨特的技能，缺一不可，因此，團隊的管理口號就叫：重視“Only You”！

◆唐僧是一個好領導

馬雲，一個成功的管理者，還是一個偉大的推銷員？相信很多人會傾向於後者。但對於馬雲來說，這個問題似乎很可笑，他有一個“Yes”理論。曾有人問馬雲要先賺錢還是要先培訓，馬雲回答「Yes，既要賺錢也要培訓」；有人問馬雲你們是玩虛的還是玩實的？答案是「Yes，阿里人既玩虛的也玩實的」；問他是要聽話的員工還是要能幹的員工？答案也是

「Yes，員工既要聽話，也要能幹」；問他是制度更重要還是人更重要時，答案還是「Yes，在我眼裡一樣重要，我們同步進行」。

很多人都認為，馬雲和阿里巴巴的成功主要來自馬雲那張「能說會道」的嘴，但是專門從事成功學研究的專家們卻提出了不同的見解，他們將馬雲的成功歸納為三點：一是他有領導者的使命感，是一個好領導；二是他是一個成功的推銷員，僅用六分鐘就融資了2000萬美元，史無前例；三是以客戶為導向進行競爭，而不是一直盯著對手看。1999年3月，馬雲帶著自己的「十八羅漢」回到杭州再次創業，之後阿里巴巴網站就正式成立了。當時撤北南歸的決定一出，馬雲只給了他們三天時間考慮，回去的條件是每月只有500元工資，即使加拿大MBA畢業的也一視同仁。回來後，他在家裡召開第一次全體會議，並照例對這一「重大事件」進行了全程錄影，因為他始終堅信這將有極大的歷史價值。馬雲對每個員工說：「啟動資金必須是閒錢，不許向家人朋友借錢，因為失敗的可能性極大。我們必須準備好接受『最倒楣的事情』。」就這樣，馬雲和他的夥伴把各自口袋裡的錢掏出來，湊了50萬元，開始創辦阿里巴巴網站。他們一度銷聲匿跡，每天工作十六至十八個小時，日夜不停地設計網頁，討論創意和構思。正所謂「不鳴則已，一鳴驚人」，阿里巴巴創造了一個網路帝國的傳奇神話，而其成功始終與馬雲獨特的管理模式分不開。因為他懂得怎樣去做一個好的領導，怎樣帶好一個團隊，怎樣去為未來買單。

唐僧是一個好領導，馬雲亦然。領導不同於管理，領導需要能真正起到「領而導之」的作用，而管理講究的是要管得住，理得清。能稱得上好領導的，肯定是個優秀的管理者，然而一個優秀的管理者未必會成為一個好的領導。換言之，領導的層次要比管理的層次高得多，不妨用一個算術公式來表達：領導水準＝哲學素養＋管理科學＋領導藝術。不懂哲學的人，沒有戰略思維能力；不懂管理科學的人，無法知道自己的戰略思路為什麼貫徹不下去；沒有領導能力的人，只會自己衝鋒陷陣，無法調動下屬的積極性。

因此，要想成為一個好領導，身邊必須有各式各樣的人才來輔佐你這個「唐僧」，因為唐僧既不會「降妖除魔」，也不會「法術保身」，一個什麼都不會的人，怎能經歷艱險去西天取經？這是馬雲最欣賞唐僧的地方。因為他也對網路一竅不通，卻成就了比專業人士更偉大的成功，這完全取決於他獨特的管理模式：重視"Only You"，就是「只有你」。

◆重視"Only You"，不強調"Only Me"

歷經八年時間，如今的阿里巴巴已是如日中天。回望八年前剛剛起步的阿里巴巴，天下IT精英蜂擁而至。但其中不少是為了阿里巴巴的股份而來的。這些人終歸沒有等到黎明來臨的這一刻，他們選擇在阿里巴巴的冬天逃走了。

而馬雲和他的「十八羅漢」以及阿里巴巴團隊中的骨幹，卻不是為了股份、上市而工作，他們是為了「做一家中國人創辦的世界上最偉大的公司」這個理想而工作。如果馬雲和他的團隊骨幹一心想著上市和股權，可能阿里巴巴早就夭折了。但最終他們成功了，因為他們在乎的不是自己，而是他人，他們重視的是“Only You”，而不強調“Only Me”。

在阿里巴巴上市的新聞發布會上，馬雲說：「阿里巴巴這次能得到股民的支持，我們深感榮幸。我們今天還是一個小公司，它只有八歲，員工的平均年齡只有二十七歲。我想未來幾年，我們還會一如既往地發展中國電子商務的基礎建設，建設中國電子商務的生態環境。」隨後馬雲表示：「阿里巴巴將在未來三至四年內投入100億元建設電子商務的產業鏈與生物鏈。在很多人看來是雅虎控制了阿里巴巴，在我看來控制這家公司的永遠是客戶、市場，我不會讓任何資本家控制它。」從中我們不難看出，阿里巴巴的上市是一次與眾不同的造富運動：不造首富而造群富，不追求個人巨富而追求員工共富。阿里巴巴始終是團隊集體控股和公司全員持股，這是馬雲的理念，也是阿里巴巴成功的祕訣。這也真實印證了：我只在乎你，而不是以自我為中心。

作為阿里巴巴董事局主席和創始人的馬雲只持有阿里巴巴B2B子公司5%的股份。對於一個只問付出、不求回報，創辦了「一個偉大公司」的「狂人」，我們除了敬佩還能說些什麼呢？馬雲一直將「以身作則」視為旗幟，他最最看重唐僧的可貴，重視“Only You”，不強調“Only Me”，這不能不說是他成功的法寶。

馬雲的人生哲學

你，就是一個阿里人——這是馬雲致阿里巴巴員工的信中提出的一個管理理念。而這種理念正是阿里巴巴成功的根源。道理很簡單，馬雲作為一個領導人，他不懂IT，不懂網路編程，然而卻擁有了天下最強的IT精英團隊。因為他常說：你，是阿里人不可缺少的一部分，成功沒有捷徑可走，也沒有任何人可以決定你的個人成敗，因為每位阿里人是自己真正的主人。

5 不可忽略的激勵作用

企業發展趨勢的好壞關鍵在於企業中的高層領導者，而領導者的主要工作就是決策與管理。每個管理者都希望自己的員工拚命工作，為企業創造更多效益。要使員工在工作中付出最大的努力，管理者就必須對員工進行有效的激勵，把員工的潛能激發出來。這是每個管理者都必須面對的問題。適當的激勵可以使員工長期處於一種積極的工作狀態，而沒有任何激勵，員工則會處於一種低迷狀態，抱著「做一天和尚撞一天鐘」的態度工作。這兩種狀態下的工作效率相比較，自然是前者較高。

曾有人對員工的激勵問題做過一項調查，結果得出：在具體的管理實踐中，有些激勵措施並不奏效，甚至適得其反，因此如何激勵員工成為執行長們最為關注的問題之一。

◆股權激勵，創造富翁員工

百度創造的「富翁員工」一度讓人們豔羨，百度上市後，一共創造了八位億萬富翁，五十位千萬富翁，兩百四十位百萬富翁。現如今，這個國內IT業上市公司遙遙領先的員工造富紀錄已被阿里巴巴刷新。阿里巴巴的初步招股說明書顯示：阿里巴巴總股本為50.5億股，公開發售8.589億股。其中，四千九百名員工持有B2B子公司股份4.435億股，按絕對值計，近千名阿里巴巴員工將擁有超過100萬元的股票。阿里巴巴的這一事件又將其推上了國內IT業的炙熱話題榜，其造富員工數也成為IT業的一個制高點。

有經驗的企業領導者都知道，這個大舉動是一次變相刺激，也可以說是對於員工的利益刺激、金錢刺激，通過這種刺激，將員工的潛力與能量激發出來，促使其為了個人的利益而努力，甚至拚命地完成任務，與此同時，企業也是受益最多的一方。

當很多管理人都為如何最大限度地調動員工的主動性和積極性，如何發揮員工的潛力為組織創造價值、實現組織目標而苦惱時，馬雲已經做出了最佳示範。他看清了利益激勵對於員工及企業發展的重要作用，便仿效了很多成功企業的激勵方式——股權激勵。據瞭解，馬雲只持有阿里巴巴B2B子公司的1.89億股股份，以招股價上限粗略計算，上市後馬雲身價為22.7億港元，其他七位董事中有三位身家過億。作為公司的最高領導人，將原有的大部分股份都分散給員工，這種與員工共享利益的做法，恐怕很多企業的領導者都做不到。雖然有很多成功的案例，如華為公司實行全員持股，公司創始人任正非個人持股比例不足1%；聯想教父柳傳志在聯想集團持股僅0.28%；馬化騰在騰訊公司占12%的股權；雅虎的楊致遠在雅虎持股不到5%，甚至比爾·蓋茲在微軟的持股比例也僅9.48%等等，但是很多企業還是跨不出那關鍵的一步。而馬雲卻勇敢地邁出了大大的一步，所以，他成功了。馬雲曾說：「我不想去控制別人，這樣其他股東和員工才更有信心和幹勁。」馬雲的管理方式最值得欣賞的地方，就是他對員工的重視，時時刻刻把公司的利益與員工的積極性聯繫在一起，而要獲取這個積極性就得靠有效的刺激，也就是各種不同的激勵手段。

其實，在五花八門的激勵手段中，股權激勵是成效最快的一種方式。股票期權在企業成長以後才能兌現，它像一副「金手銬」牢牢地將員工與公司綁在一起。比如，員工持股後，把每年創造的股東效益的50%拿來激勵團隊。馬雲表示，他在阿里巴巴並沒有控股權，這也顯露了馬雲的高明之處，對於馬雲來說，持股多少並不是很關鍵，只要他能控制董事，就永遠是這個公司的核心。但是他的所作所為卻給所有員工一種平等互利的感覺，這無疑是最佳的激勵效果。

廈門大學工商管理博士後馮鵬程對馬雲的股權激勵管理模式做了一番評價，他說：馬雲將股權分散進行激勵是一個聰明的做法。舉個例子來說，假設創始人掌握公司51%的股權，其餘的股東占有49%股權，當該公司的利潤是1000萬元時，那麼總裁的收益是510萬元；但是，如果創始人只擁有5%的股權，公司有很好的激勵機制，集體的智慧得以充分發揮，該公司達到1億元利潤時，總裁得到的那一份絕對額比510萬元要多得多。這也就是股權激勵作用如此大的原因，它帶給員工及公司的利益都是無限量的，員工在為自己謀求更多財富的過程中，也為企業創造了更多的財富。這種激勵方式也可以稱之為「雙贏激勵」。

◆精神激勵，團結力量

馬雲對員工的激勵方式除了利益激勵之外，在精神方面的激勵更為出色。2003年5月6日，“SARS”悄然而至，馬雲鼓勵員工「眾志成城，抗擊SARS」（阿里巴巴發現一例“SARS”疑似病例，「五一」長假後的第一天，馬雲當機立斷實行自行隔離，公司全體進入SOHO狀態），這是馬雲帶給所有阿里人的感動。除此之外，他還有令人稱奇的激勵絕招。

眾所周知，馬雲是個武俠迷。據有關報導說，馬雲也把這種武俠氛圍帶到了阿里巴巴的管理中，只要是在阿里巴巴公司工作過的人，都可以感受到濃厚的武林味道。比如，阿里巴巴和淘寶網的會議室被稱為「光明頂」，核心技術研究項目組名叫「達摩院」。如果聽到不遠處有人在叫「任盈盈」去收傳真，也不必驚訝，因為阿里巴巴和淘寶網的員工幾乎都有一個來自金庸武俠小說的化名。據說，由於阿里巴巴及淘寶網的員工數目太多，所以金庸武俠小說中的名字幾乎都用盡了，於是就接著用《仙劍奇俠傳》中的名字。而阿里巴巴的價值觀六大真言，也被稱為「六脈神劍」。馬雲也有自己的化名，這個化名來源於《笑傲江湖》，男主人公令狐沖大俠的師傅——風清揚。阿里巴巴被這種豪氣沖雲天的江湖氣氛包圍著，就像是一個繁雜的大家庭，時不時地拿「田伯光」、「林平之」或是「東方不敗」調侃一番，員工在輕鬆愉悅的工作中既得到了樂趣，又提高了效率。這是馬雲打造的獨具一格的精神激勵法，同時也使這種別樣的精神團體成為阿里巴巴一道獨特的風景。

阿里巴巴的團結是無人能敵的，馬雲激勵手段的獨特不僅僅源於武俠情結，為了增強企業的凝聚力，他不斷地用自己的瘋狂構想實施著不一樣的激勵奇招。開會時，他會突然讓參與會議的企業職員集體「倒立」，或幾個人一起「疊羅漢」，為的是通過「換位思考」來激發大家的思維創造力，讓大家新奇不已，一個嚴肅的會議往往就從笑聲中開始。

馬雲的人生哲學

馬雲說：「我們怎麼去激勵員工我不知道，反正我覺得我們的員工不需要我激勵，是大家認為這個目標是可行的，比方說，我以前講阿里巴巴會變成什麼樣，大家都會說這個不可能，但是每年我們的目標都在變大，這是他們的目標而不是我的目標。只有從他嘴巴出來，才能讓他覺得這是他的東西，激勵不是天天講成功學的東西，激勵是動用人的思想精華去思考，一定要讓他覺得這是他應該學的，而不是你要求他的。」

這就是馬雲的激勵理念，從平淡無奇的話語中可以看出，他意識到了激勵在員工身上的重要作用，以及對於企業發展的重大意義。

6 外行也能領導內行

馬雲憑藉著自己高瞻遠矚的眼光與非凡的管理天分，成為第一位登上《富比士》雜誌封面的中國大陸企業家。在他的領導下，阿里巴巴的「明星團隊」也先後兩次被納入哈佛MBA案例。在「2004 CCTV中國經濟年度人物」頒獎典禮上，「外星人」馬雲說，一個男人的外貌跟他的智商是成反比的！這句話引起了全場一片歡呼。正是這個其貌不揚、身高如拿破崙、不懂電腦的人，為中國中小企業創造了一個「芝麻開門」的神話，並成為影響全世界網路帝國的人物。

◆外行能不能領導內行？

從古至今，外行能不能領導內行一直是個備受爭議的話題。直到最近，還有人把中國足壇2004年大崩盤歸咎於閻世鐸不懂足球，說不該讓「外行領導內行」。其實不然，閻世鐸把2004年的足壇搞砸了是一回事，他對足球不「內行」是另外一回事，兩者沒有因果關係。綠茵場上摸爬滾打出來的王俊生，應該算得上是足球「內行」吧！而他帶領團隊多年了，還不是從沒有「衝出亞洲」。內行未必能領導得好，而「外行領導內行」的成功例子倒是層出不窮，舉不勝舉。

馬雲就是一個鮮明的例子。馬雲說：「我不懂電腦，到現在為止只會做兩件事，收發電子郵件和瀏覽，連在網上看VCD我都不會。」誰敢相信這話是出自網路帝國的掌門人之口呢？

的確，馬雲不懂電腦、不懂網路，卻把阿里巴巴、淘寶網、阿里媽媽、雅虎中國等網路做得有聲有色，他就是一個「門外漢」，但卻做出了讓「內行」人都為之敬佩的偉大事業。

外行人能不能領導內行？事實告訴我們，不僅可以，而且「外行」可能比那些「內行」領導得更好。綜觀古今，「外行領導內行」的例子比比皆是：三國時期的諸葛亮足智多謀、一專多能，但他從不操起丈八蛇矛上陣衝殺，只因他對十八般武藝實在「外行」，然而，正是這個「外行」卻帶領著十足的「內行」關、張、趙、馬、黃五虎上將；中國近代著名文學家郭沫若學醫出身，精文史、工考古，但他當中科院院長時也仍然是「外行領導內行」。不說大量的理學、化學、地學這些自然科學，即使與文史同屬社會科學的法學、經濟學，他不都是十足的「外行」？馬雲也是如此，一個十足的「外行」，卻把「內行」管理得井井有條，比那些「內行」領導得更為出色，這是毋庸置疑的事實。

其實，外行能夠領導內行，但領導絕不等於取代，事情還得放手讓內行去做。

◆外行領導內行，尊重內行是關鍵

在阿里巴巴的企業發展中，馬雲始終強調這三個要素：一是領導力，二是團隊力量，三是策略。為什麼會這麼說呢？因為馬雲自己本身不懂電腦，也不會管理財務，唯一就是能說一口流利的英語。但從他的創業史中我們不難發現：外行也可以領導內行，關鍵是要尊重內行。馬雲曾說：「我曾到哈佛去講企業的發展、互聯網的發展，在那裡我講了阿里巴巴為什麼能生存下來的三個原因：第一個原因是我們沒有錢，第二個原因是我們不懂技術，第三個原因是我們永遠不做計畫。」雖說這些都違背了網路「大森林」的生存法則，但阿里巴巴卻在「優勝劣汰」中生存了下來。

馬雲曾說：「怎麼做是技術人員的事情，做什麼是我決定的事情。在營運企業的過程中，領導永遠不要證明自己比員工聰明，當你要證明時，你就會失去員工對你的信任和尊重；第二是胸懷，我覺得男人的胸懷是被冤枉撐大的，胸懷只有比員工更大才能包容所有；第三是實力，你要比你的員工更能經得起打擊，比你的團隊更能經受失敗的壓力。」在馬雲看來，好的領導者必須具備獨到的眼光、寬廣的胸襟、強大的實力。另外，因為你是一個外行，所以作為領導，你必須尊重懂技術的人，尊重「內行」。每個人都渴望被尊重，渴望得到領導的重視，都不願為了工作被領導耍來耍去。除了利益還是利益，這樣的領導，「內行」人會為你賣命嗎？會為你死心塌地的奉獻嗎？不會。而這一切的根源就來自於：「外行」的你是否在乎過「內行」的感受？你是否明白他們的目標與理想？你是否當面讚美他？你是否和他們交談過？其實，外行領導內行，最關鍵的就是要重視內行，馬雲無疑在這方面做得完美之至。

馬雲的人生哲學

馬雲，一個身高如「拿破崙」、長相如「外星人」、性格如「狂人」，任人怎麼看都不像一個「國王」的人，卻創造了神話。他成功的原因歸根結柢，還是他建構了一支無堅不摧的精英團隊，而馬雲管理的魅力到底何在？這不禁讓許多人產生疑問。有人問馬雲：「不懂IT是怎樣成為IT精英的？」馬雲回答：「不懂技術使我對技術人員充滿著遐想和尊重。」馬雲認為，外行可以領導內行，但必須尊重內行，他極其尊重和理解技術人員，並經常向他們學習技術。對於技術，馬雲有自己的見解：「能夠被成千上萬的人用才是最好的技術。」他認為，所有技術人員都應該以創造出被廣泛使用的技術為最大的夢想。

第六章　經營哲學

——為企業插上飛翔的翅膀

我們不能賺短錢，現在我們有幾十億元的現金在手上，但是如果有人要我們去做房地產投資這樣的項目，哪怕有再高的報酬率，我們也不會去投入。

——馬雲

創業難，經營更難。阿里巴巴能成為目前世界上最大的企業與企業間的交通要道，成為全球IT業一顆耀眼的明珠，離不開馬雲這個優秀的領導者和他的優秀團隊。

1 授人以魚，不如授人以漁

中國有句古語叫「授人以魚，不如授人以漁」，這句話出自《老子》，其寓意是說：與其傳授他人知識，不如傳授給人學習知識的方法。其實道理很簡單，魚是目的，釣是手段，一條魚能解一時之饑，卻不能解長久之饑，如果想永遠有魚吃，那就要學會釣魚的方法。馬雲始終將「授人以魚，不如授人以漁」作為一種經營理念，用在管理人才方面。在阿里巴巴起步之初，他就非常注重教人以生存的方法。

◆自修魚池以授漁

在IT行業，經營事業的艱難遠不是他人所能想像的，創業難，創業後的戰略持續與發展更難。第一批吃螃蟹的人在網路上獲得了極大的收益，但現在網路競爭越來越激烈，很多中小企業初涉網路，由於不能迅速掌握工具應用方法和行銷技巧，而看不到任何成效。在這種情況下，阿里巴巴所要做的就是幫助他們重建信心。戰略開發對企業發展至關重要，正所謂謀定而動。但是，中小企業的戰略開發卻有著自身的特殊性，因為它們的實力有限，而且大多數中小型企業正處於成長時期，企業發展的變數很大。很多適用於大企業的方法並不適用於中小企業。一個人影響力的大小很多時候是虛擬的，是很難甚至無法用具體的金錢或數據來衡量的。馬雲就用他獨特的經營方式「養活」了一大群人，那就是「授人以漁」。有很多人生活在他打造的食物鏈上、因他打造的項目利益鏈而發家。

阿里巴巴的經營信念是——所有的員工都是實際上線操作的「精英」。目前，阿里巴巴的員工人數呈不斷上漲之勢，在不斷增加的新人當中，有三分之二是從事實際操作的人員。阿里巴巴表示：要授人以漁，把釣竿給人了，還要教人家如何釣魚，池塘裡有的是魚，但光有釣竿不知道怎麼釣也不行。事實證明，馬雲的確教會了很多人「釣魚」的方法，使他們有了生存的資本。

我們就拿馬雲旗下的淘寶網來說，最直接「授漁」的就是淘寶的內部員工了。淘寶在剛剛起步時奉行的是免費方式，這種不被人們看好的營運方式，卻為公司得到了很好的收益，由此也證明了，馬雲的這一大膽嘗試讓員工各方面的技術能力得到了鍛鍊。前不久，有一家媒體還爆料：淘寶網的員工個個都是「武林高手」。此言一出，引起整個IT界一片譁然，人們驚歎馬雲這個「瘋子」竟有如此大的能耐，把員工們都搞成了「瘋子」，而這在馬雲的眼裡，並不算什麼，因為他一直認為，員工的綜合素質及水準提高了，淘寶網的美好未來也就指日可待了。所以，他不惜重金讓員工去參加國際上最好的培訓，為員工提供最好的課堂，因為他知道，一個人只有學會了生存之道，才能真正站在最高處，鳥瞰天下，一覽群觀！

此外，淘寶是中小企業的福音，淘寶為他們提供的平臺就好像是一個寬大的魚池，像淘寶這樣的網購市場對所有企業都是個機遇，但擁有穩定、強大傳統管道的知名企業在靈活性、機動性方面，與中小企業相比，還有一定的差距。再加上知名大企業必須顧及傳統管道的利益，所以在網路管道上，許多時候反而讓中小企業更具競爭優勢。許多在傳統管道上不占優勢的企業看中了淘寶低成本、高報酬以及靈活機動的網路營運模式，他們利用這些優勢，得以喘息甚至枯木逢春。也有的是直接借助淘寶這樣的網購平臺打開市場，比如說南方許許多多的手工產品作坊、小電子產品加工廠等，都得到了不小的收益和發展。

◆能力才是生存之法

「授人以魚，不如授人以漁」完全可以作為個人以及企業發展的信念與理念，因為企業或個人在某個特定的時期取得競爭優勢並不是很難，難的是長期保持這種優勢。如果說短期的優勢可以依靠點子、概念獲得，那麼長期優勢則必須依靠自己的本領，比如說領導人的管理能力、企業的組織能力等等。發展與成功都是需要能力的，沒有足夠的能力無法取得預期的成功。學習能力、時間管理能力、潛力開發能力、應對變化的能力、創新能力、自我推銷能力和人際交往能力等等，都是追求成功所不可缺少的元素。

馬雲事業的成功告訴人們一個道理：每個人都可以展現能力，只要你願意給他機會。數據顯示，截至2007年，淘寶網所創造的直接就業機會超過了二十萬個。當然，不管是開店賺了錢，還是賣包裝發了財，終歸還是需要自己的努力。正所謂「授人以魚，不如授人以漁」，而馬雲所做的，就是順時應勢地「修了個釣魚、捕魚的大池塘」。經營企業也是這個道理，企業要勇於教授給別人能力，給別人施展能力的機會。如果一個企業在發展初期，在管理上只靠某個「鐵腕」領導，企業創新依靠某個人的靈感，這就相當於把企業的前途繫在少數人的身上，他們個人的任何變動如跳槽、去世，都將給企業帶來極大的震盪。相反，注重組織能力建設的企業應該將個人的決策轉化為組織程序的決策，比如，建立管理制度，成立研發小組等。利用集體的力量做事，必定會事半功倍。

馬雲的人生哲學

所謂「授人以魚，不如授人以漁」，講的道理無非是：「魚」只能滿足一時之需，而「漁」卻讓人有謀生的技能。同樣，「魚」好比企業的產品，而「漁」則是企業的各方營運能力。換言之，有現成的可吃並不是長久的生存之計，能力才是最重要的。有了能力，即使有一天你失去了所有，在逆境中，你也照樣可以用自身的能力撐起另一片天空。

2 充分體現出自己的價值

許多人渴望成功，渴望創造價值，但卻總是不得其法，難以踏上成功之路。由個人組成的群體，如公司等也是一樣，它的存在就是為了創造更多的利益，但也總免不了必須艱辛的付出。因為任何收穫都是需要付出的，要想創造價值，首先你就要擁有正確的、高尚的價值觀。企業的發展需要管理者擁有良好的價值觀。企業的收益大多離不開交易，而在營運過程中，在與客戶的交流和溝通中，也要將自身的價值充分體現出來，這是贏得客戶肯定的最好方法。個人與企業的價值體現關係著企業的發展與未來。

◆價值的體現是企業發展之根本

馬雲通過阿里巴巴的成功充分地體現了自己的價值，可以說，他的成功就是一個從「價值發現」到「價值變現」的過程。馬雲是個極具說服天分的企業家。許多白手起家的小老闆在地處偏遠、人手不足和資訊不對稱的不利條件下，靠阿里巴巴找到買方和賣方，做起了「小本生意」。阿里巴巴的股東陣容裡，有孫正義和楊致遠等經濟界的領軍人物，這種組合拿到任何市場上，都是足以引起轟動的成功IPO（初次公開發行）。而這種組合出現的本身就彰顯了馬雲的魅力和吸引力。

不論是管理人員還是基層職員，如果人人都能做到將自己的價值充分地發揮和展現出來，那麼，企業的最高價值也終將會凸顯出來，企業也能得到空前的發展。換句話說，人的價值體現決定著企業的發展。

比如說淘寶網，雖不像阿里巴巴那樣為馬雲賺得了大量的利潤，但是馬雲卻將淘寶的價值昇華到了最高點。淘寶網讓上千萬小市民做起了「無本生意」，把多餘或已經不用的產品掛上去，等買方來競價，如果業績能做大，再考慮直接批貨來賣。淘寶網之所以掀起了熱潮，就是因為其為創業者建立了「低門檻」。賣方可以從零固定成本（或低固定成本）開始，成交後的運費由買方支付，變動成本也是零，沒有資金風險，也不需要全職投入，可以用玩票的心態在業餘時間投入，此舉正在促成國內的創業大潮。據調查，現在有很多城市，如上海、北京、杭州等地，網上消費幾乎成為主流消費方式，既方便又快捷。

淘寶網還有這樣的成功事例：有些人到批發市場去買過期的進口雜誌，再放到淘寶網上去賣，利用支付寶收款，再寄給買方，毛利在五成左右，賺的是市場訊息不對稱的錢，因為進口雜誌只能在特定管道買賣，即使過期也很搶手。類似於這樣的案例有很多，用低成本在淘寶網上打造出自己的「網上小店」，賣化妝品、小飾品、時尚服飾、限量版CD等等，甚至是零食、奶粉這樣的食品類小店也有很多，這也為廣大消費者創造了更多的選擇和便利。此外，因為在網上開店及購物的人流持續增加，同時也增加了成交的流動性，這使得各種有形商品和無形商品，都能在網上成交，並訂出市場價格。也就是把一個商品的價值，透過買方競標確立價格，然後完成交易，後續可以再轉手，逐步形成市場。而且貨品交易也很方便，可以用快遞方式，賣家通過快遞公司跨省份或是跨地區，將貨物送達買家手中，買家既可以通過支付寶付錢，也可以電匯或向賣家所給的帳號直接匯款。除此之外，還有一種方法就是當面交易，一手交錢，一手交貨，這讓很多消費者對這種網上購物的貨品品質更加放心。

淘寶網的價值就體現在這裡，它讓每個人只要擁有一個網頁，加上一個手機（買賣雙方確認貨品是否到達），加上一點初始的投入資本，就可以做生意，這就是馬雲對中國電子商務的貢獻。他讓每個消費者都有機會成為創業者。隨著淘寶網的價值不斷昇華，馬雲的事業也將不斷迎來新的發展。

◆把企業價值擺在客戶面前

阿里巴巴發展初期，雖然曾前後兩次獲得國際風險資金投資共2500萬美元，但是後續的工作還得靠自己來做。馬雲對於阿里巴巴的前景在創業初期就憧憬過，阿里巴巴將改變全世界，在不久的未來，全世界一千五百萬到兩千萬商人的工作方式將被改變，他們每天早上一起來就訪問阿里巴巴網站，在上面做交易、下單、找客戶、發銀行匯票、訂船艙、訂機票，而不需要到辦公室上班。

為了最終實現這一美好夢想，他努力讓全世界都認識阿里巴巴，這也是阿里巴巴邁出去的第一步，成功與否就看這關鍵的一步。於是，馬雲不停地穿梭於世界各個角落，幾乎參加了全球各地尤其是經濟發達國家的所有商業論壇，去發表瘋狂的演講，用他那張天才的嘴巴宣傳他全球首創的B2B思想，宣傳阿里巴巴，從而讓世界認識到阿里巴巴的價值。

正是因為馬雲的非凡口才，他成功地讓全世界都認識了他以及阿里巴巴。他就像是一台不知停歇的演講機器，每到一地就開始發瘋地演講，他在BBC（英國廣播公司）做現場直播演講，在麻省理工學院、華頓商學院、哈佛大學演講，在「世界經濟論壇」演講，在亞洲商業協會演講……這個瘦弱的男人大聲地對臺下的聽眾喊道：「B2B模式最終將改變全球幾千萬商人的經營方式，從而改變全球幾十億人的生活！」而這一切的努力都只為了達到一個目的，那就是讓全世界認識阿里巴巴，瞭解阿里巴巴的潛力，以及阿里巴巴本身所具備的價值——可以為全世界贏得發展、做出貢獻、創造財富。

馬雲說：「我只在乎我們能否為客戶提供滿意的服務，需求比什麼都重要。我不能抓住技術的浪潮，如簡訊；我也不能抓住線上遊戲，因為我不懂。我只能問我的客戶需要什麼。電子商務最大的受益者應該是商人，而不是我們這樣的網路公司，網路公司只不過是提供工具。」客戶可以感受到阿里巴巴為其提供的最體貼的服務，自己的需求最大限度得到滿足，人們也就更加信任阿里巴巴，這也正是阿里巴巴最需要的。

而今，馬雲和阿里巴巴在歐美聲名鵲起，來自國外的點擊率和會員呈暴增之勢！馬雲和阿里巴巴的名字就這樣被《富比士》和《財星》等重量級財經媒體關注著。然而，這一切都源自於客戶對阿里巴巴價值的認識與瞭解，進而產生的堅固信任感。

馬雲的人生哲學

如果一個人想要取得成功，首先要做的就是將個人的價值充分地體現出來。讓他人看到，讓伯樂看到，讓對手看到，才能為自己贏得展現的機會，以及大展拳腳的舞臺。

同理，如果一個企業要謀求發展，必須要把企業的具體價值拿給客戶看 ，以此來贏得信任，為自己贏得機會，最終不斷地為企業贏得利益。而這就是發展的過程。

即使你的價值再高，如果不能充分地展示給別人看，那麼發展的高度也很有限。但即使你的價值並不是太高，而你展現得足夠充分，那擁有的發展機會也一定會比前者多得多。

員工經營與企業經營同等重要

國際知名的企業管理人、福特公司總裁彼得森說過：「公司經營戰略之一就是經營每一位員工。」現代企業與員工的關係有時如奴隸社會中奴隸主與奴隸之間的關係，矛盾相持不下。企業剋扣或拖欠員工薪資、不尊重員工、不重視員工發展的現象不勝枚舉，甚至不少惡質事件見諸報端。面對這種種，員工拿什麼來抗爭？唯一的選擇就是不再為你賣命，所以員工紛紛離去，最後一家家公司、企業也隨之沒落。其實，人是最活躍、最重要的因素，作為企業管理的一個重要組成部分，人力資源管理就像財務管理、行銷管理一樣重要。很多企業並沒有重視這一點，所以才出現了這麼多的惡質事件，導致企業不良發展。對員工的經營狀態決定著企業的未來發展狀態，一個好的企業管理人，應善於從經營員工開始經營企業。

◆經營企業就是經營員工

馬雲對企業經營有自己獨特的理念，他認為：一個企業也有「三個代表」，第一代表客戶利益，第二代表員工利益，第三才代表股東利益。而馬雲是把員工利益擺在個人之上的。作為管理人，只有懂得善用員工、欣賞員工、尊重員工的個人價值，才能全面地開發人力資源。

而對於「三個代表」，馬雲又做了相關的詮釋，他說：「我認為，員工第一，客戶第二。沒有員工，就沒有這個網

站。只有他們開心了，我們的客戶才會開心。而客戶們那些鼓勵的言語，又會讓他們更投入地工作，這也使得我們的網站不斷地發展。」為了更好地實現「第一代表」——客戶的利益，就必須照顧到員工的利益與工作狀態。馬雲認為Judge（判定）一個人是不是偉大，不是看他是否來自Harvard（哈佛）、Stanford（史丹福），而要看這個人是不是十分投入工作，看他們每天下班是不是笑咪咪地回家。這就是馬雲對員工最基本的要求，員工上班的狀態達到了最佳，他的服務也必定是最佳，創造的利益也必定會更多。

總是以「瘋子」自稱的馬雲，每當講到自己「一百零二年老店」的夢想時，總會這樣說：「1999年是阿里巴巴創始的第一年，到下個世紀初的第一個年頭，正好是一百零二年……」不過他特別提出了，阿里巴巴能否實現自己的百年夢想，關鍵取決於團隊的能力，這一百零二年的任務並不是靠他一個人就能完成，就像四百公尺接力賽，他跑的只是第一棒，要想成功、精采地跑完全程，就必須要靠所有的阿里人共同努力。

要發揮團隊力量，就要妥善地經營好員工，把員工緊緊地擰在一起。馬雲對於員工的要求很別具一格，他曾說：「不要精英，只要一般人，什麼都會那就成妖精了。」完美的團隊應該根據員工的不同性格特點來組建。一個員工不可能有完美的性格，但若干個具有不同性格特點的員工卻可以組建成一支完美的團隊，而他所要建立的團隊則是「唐僧式團隊」。對於唐僧師徒四人的特點，馬雲也做了一番評述：「唐僧是一個能力一般的領導者，但卻是一個好的領導者，他有自己的目標——取經，並一直堅信能夠實現；孫悟空是個本領高強的業務骨幹，但缺點也很多，讓領導者很為難；豬八戒業務能力有限，但忠心耿耿——關鍵時刻保護師傅；沙僧八小時工作制，到點就挑擔子。這些角色，缺一不可，如果個個都是孫悟空，是取不了經的。」對企業而言，通過多個不同性格員工的巧妙結合，彼此取長補短，匹配協調，就可形成一個高合力、低阻力的優化組織結構，使不同性格的員工用不同的方式發揮自己的優勢和特長，就可完成眾多單個員工不可能單獨完成的事業。如此一來，企業的戰鬥力和生命力也會不斷增強。這是馬雲對於完美團隊的理解，如今的他正帶著一支龐大的團隊，帶領阿里巴巴走向全球網路帝國之路。

◆員工第一

2003年"SARS"期間，很多企業的運作受挫，當時阿里巴巴的員工也都被隔離在家長達八天之久，可讓人意想不到的是，阿里巴巴的業務從未間斷過。究其原因，原來雖然迫於形勢所逼，阿里巴巴的員工被隔離了，但是他們都把家當成了辦公室，員工及其家人都參與了公司的工作。當有電話進來時，不論是小孩還是老人，只要接到電話都會回答道：「你好，這裡是阿里巴巴……」這讓馬雲很感動，而感動的背後是馬雲對員工的尊重與關愛。

俗語云「士為知己者死」，要想讓員工為自己賣命，讓他們真心誠意地將公司的事當作自己的事，企業領導人必須起關鍵性的作用。他應該經營每一個員工，說到底就是要重視每一個下屬，過去強調的是如何讓員工為企業的目標服務，卻極少關心員工的身心及發展需要。要充分發揮員工的積極性，就要保障員工身心的健康發展，讓他們在服務企業、貢獻社會的同時，也有機會實現自己的理想。員工是企業管理工作的核心，也是企業經營的出發點和落腳點。一個團隊或一個組織要想經營好一個企業，首先應經營好企業的員工。

馬雲對於員工的素質要求與訓練也很重視，有人曾問他：「您能用一句話概括員工應該具備的基本素質嗎？」他回答說：「今天我們阿里巴巴的員工要求具備誠信、學習能力、樂觀精神和擁抱變化的態度！」他不僅僅希望員工為企業創造價值，也回饋給員工不斷提高自身價值的機會。

正是馬雲式的價值觀——「員工第一理論」鑄就了阿里巴巴的成功與持續發展。所謂的「員工第一理論」就是：員工高興，客戶才會高興；客戶高興，企業才會有利潤。實際上，馬雲的這一說法完全是對「客戶第一」的另一種詮釋，而這樣做的目的在於把大批優秀人才聚於麾下。企業為員工提供了實現自我價值的舞臺，管理更人性化，就能真正激發員工的主人翁精神，使員工自覺自願地投身於企業的改革發展，形成「千斤重擔眾人挑」的格局。其實這些都是人性使然的正常現象，如果員工得到企業的重視，那麼他自然而然地就會對企業產生感激之情，忠於企業，忠於你這個領導者。

馬雲的人生哲學

如果說每個成功者的背後總是凝聚著無數人的心血，那麼成功的企業必定有一群強有力的員工做後盾。公司的員工好比是演員，老闆就是導演，演員是否賣力，該如何演繹一個角色，由導演說了算。如果「導演」能根據「演員」的不同性格，使每個角色都由最適合的演員演出，那麼這場表演一定會取得成功，由此可見員工對公司的重要性。就像微軟總裁、世界首富比爾·蓋茲曾經說過的那樣：「誰要是挖走了微軟最重要的幾十名核心員工，微軟可能就完了。」這句話並不是無的放矢，它是由事實證明了的。每個人都渴望獲得別人的尊重和欣賞，員工也不例外。學會尊重和欣賞員工，是企業走向「以人為本」柔性管理的第一步。如果將員工的優點和特長不斷地加以放大，並且在團隊內部不斷地傳播，這些優點和特長就會成為所有組織成員的共同財富。企業的經營即是員工的經營，企業的發展也是員工的發展。

4 拒絕「因噎廢食」做法

貝多芬說：「要在挫折面前扼住命運的喉嚨，挫折會使你自信起來。」

張海迪說：「即使挫折使你倒下去一百次，你也要一百零一次地站起來，唯有挫折能讓你堅強起來。」

世界上沒有哪項事業能輕而易舉的成功，如果你沒有碰上困難，那只能說明你還沒有走上軌道。挫折在事業發展中是必然存在的，也是必不可少的。有的人在追求成功的路上稍微遇到一點挫折就退縮，停滯不前，這只會讓即將到來的成功與你擦肩而過。

成功的企業經營者不會採用這種「因噎廢食」的愚蠢做法。企業中的強者，對挫折的承受力極大，面對困境，不是被動和無可奈何，而是主動積極地迎接挑戰，以百倍的力量去努力奮鬥。強者常常利用挫折來增強自己的力量，換言之，成就事業的過程就是戰勝挫折的過程。人們的追求就好比是在黑暗中尋找黎明，如果遇到一點挫折就「因噎廢食」，那麼永遠也無法走出黑暗。反過來，如果你勇敢地拒絕了心底潛藏的那絲怯弱，你將會離黎明越來越近。

◆永不言棄

有人問馬雲：「如果遇到了困難，你會怎麼做？」馬雲回答得很平靜：「我在遇到困難的時候，所做的事情就是用自己的左手握住自己的右手，給自己一點溫暖，給自己一點鼓勵，還有就是永不言棄！」這個回答讓所有人都為之一震。

人們都說馬雲是個奇人，「奇」就「奇」在面對困境，他總能坦然地大步向前走，笑著走過坎坷，擊敗挫折。挫折為什麼會出現呢？它的出現就是要擊敗人們的意志，擊退人們的鬥志，讓人停滯不前，抑或頹廢落後，即讓人們「因噎廢食」。然而，馬雲是絕對不會讓挫折得逞的，他對於挫折只有四個字，那就是「永不言棄」。這四個字也是因噎廢食的天敵，能夠做到這一點的人，已經是強者中的強者了。

馬雲成功的過程就是一個不斷擊敗挫折的歷程。現在人們看到的馬雲，貌似一個天才，但是有誰知道他上學時數學成績差得一塌糊塗，導致他兩次失去上大學的機會。但是，馬雲就是不服輸，他在經歷了三次高考後，終於考上了杭州師範學院外語系。馬雲的外語成績特別出色，1988年畢業後，他成為杭州電子工業學院的英語教師。教師是很多人夢想的職業與生活，然而，馬雲並不是一個安分的人，他為了追求更高的理想，毅然辭去了這份工作，與幾個同事成立了一家翻譯社。那個名為海博的翻譯社並沒有給他們帶來預計的利潤，第一個月一共收入700元，可是單單房租就要2,000元，幾個創業者都嘗到了賠錢與失敗的滋味。別人都開始退縮了，馬雲將這些看在眼裡，為了讓翻譯社支撐下去，他節假日一個人背了個大麻袋去義烏，賣禮品、鮮花、書、衣服和手電筒等小商品，掙了錢來補貼翻譯社的費用，因為他堅信翻譯社將來一定會賺錢。一個大學教師去販賣小商品，混同於一個小攤販，很多人笑他是傻子，但他卻不為所動。也許正是他的努力感動了上天，也許是他的堅持打退了挫折之神，在他的堅持下翻譯社終於度過了難關，而且每天的獲利額節節攀升，最後成了杭州市最大的翻譯社。這件事使馬雲明白，要想做成一件事，必須像傻子一樣地全身心投入，不然，再好的設想也只能半途而廢。也正是挫折讓馬雲一步步地成長起來，思維方式也逐漸成熟，這為他以後的事業——阿里巴巴打下了牢固的基礎。

◆不要被挫折打倒

馬雲歷經了挫折與成功、歡笑與淚水的洗禮後，走到了今天這個萬人矚目的位置，是他努力奮鬥的必然結果。這個從摸爬滾打中闖出來的「前輩」，完全有資格對創業者提出建議。他認為：「對所有創業者來說，應永遠記得一句話，從創業的第一天起，你每天要面對的是困難和失敗，而不是成功。最困難的時候還沒有到來，但終有一天會到來。困難不能躲避，不能讓別人替你去扛。九年創業的經驗告訴我，任何困難都必須自己去面對，創業就必須面對困難。」

馬雲總是毫不避諱地說自己是「瘋子」，他也很願意做一個愛幻想的瘋子。所以每當有瘋狂的想法時，他就會強烈地想去實施。正當風華正茂時，毅然辭職下海，他的這種做法遭到了親朋好友的反對，但他還是毅然決然做了。1995年，他創辦了「中國黃頁」網路公司，預定的業務是專門給企業做主頁，一張主頁兩千字，一張彩照、中英文對照的文字介紹，收2萬元人民幣。然而，公司創立一開始就是挫折的開始。為了能夠盡快將網路做起來，他每天親自出門，到處推銷自己的網路黃頁。很多時候，他不但連別人公司的大門都進不去，還常常被門口的警衛轟走。

一次，終於有一個企業的最高領導人願意見他，聽了他的一番介紹後，得到的竟是一席又誠懇又惋惜的回覆：「雖然看你長得很怪異，但聽你講話智商還不低，可你用這樣的花招騙錢太沒智慧涵養了，就是弱智者也不會相信你。我勸你做點正事賺錢，別四處騙人了。」原來人家將他當成了騙子，馬雲氣得差點吐血。同去的人回來把這事一講，大家都半晌不出聲，其實每個人的心中都很苦澀，馬雲也一樣。

試想一下，如果馬雲就此「因噎廢食」的話，會怎麼樣呢？今天的阿里巴巴，以及我們所熟識的淘寶網、阿里媽媽等等還會存在嗎？當然不會！經不起磨難的人注定是成不了大事的。無數次的打擊和挫折並沒有讓馬雲失去信心，他仍然四處奔波，因為他堅信，他所選擇的路是正確的，眼下最需要的是堅持和執著。久而久之，很多在他們網頁上進行宣傳的企業，交易量開始大增，獲得了超乎想像的產品效益。這樣一來，「中國黃頁」開始有了名氣，來他們網頁上做介紹的企業也越來越多了。短短一年的時間，營業額竟不可思議地成長到了700多萬元！

馬雲是個善於創造奇蹟的人，也是個很謙虛的人。他常說：「如果馬雲能夠成功，那麼80%的人都能成功。」這位語出驚人的執行長還有一句名言：阿里巴巴以後如果有可能，要出一本書，書名為《阿里巴巴的一千零一個錯誤》。可以推斷，一路走來，馬雲有過許多艱難困苦，就像唐僧取經，必定要經受九九八十一難。馬雲的成功帶給人們的是經驗和啟示，只有具備戰勝自己、戰勝困難的決心和勇氣，才能贏得成功。

馬雲的人生哲學

人人都想走平坦大道，然而生活呈現給你的卻是充滿荊棘的小路；人人都只想過快樂、無憂無慮的日子，然而生活卻賦予了你百般滋味，有甜也有苦澀……命運就是這樣，總愛捉弄人、折磨人，總是給人以多於歡樂的失落、痛苦和挫折。

任何一個人，總有或大或小的目標，也許這一輩子都在為實現這個目標而奔跑著。可是，奔跑的路並不平坦，即使只期望平靜的生活，有時也會摔跤，而且摔得很疼。人隨時都會遇到挫折，但挫折面前每個人的反應並不相同。有的人能百折不撓、克服挫折；有的人則一蹶不振、精神崩潰，於是，失敗與成功的區分立現。

5 學會與風險投資共舞

投資必定與風險並存，沒有哪一項投資是百分之百高利潤、無風險的。據調查，那些擁有數百萬元、數千萬元，甚至數億元身家的成功者都善於做高風險投資，而且投資額度越高，量越大，投資報酬率也就越豐厚。

當然，也有精明的成功者可以將同樣風險下的投資金額降到最低，收益率卻不變，但這樣的人只占少數，畢竟可以成為世界級贏家的人並不多。成功的風險投資者要有一定的膽識與遠見，而成功的風險投資企業更需要優質人力資源。對於投資對象而言，做風險投資時必須深刻地瞭解這家公司在未來發展中可以協助國家或者行業本身增加多少價值，風險投資本身如何增加投資對象的價值等。除此之外，在產業發展過程中，市場的壓力會越來越大，所以，風險投資企業必須瞭解每個市場裡面的人需要的是什麼，這樣才能在未來產業的發展過程中占有一席之地，才能帶領企業乘風破浪，不斷向目標前進。

◆看清風險投資背後的利益

正式為風險投資下定義的是美國學者，根據美國風險投資協會所做出的定義，風險投資是由職業金融家投入到新興的、迅速發展的、有巨大競爭潛力的企業中的一種權益資本投資。作為風險投資的發源地之一，美國對此完全有資格下定義。在十九世紀末二十世紀初，美國的財團就將資金投資於鐵路、鋼鐵和石油等工業領域，這些投資活動成為風險投資的雛形。風險投資為很多產業創下了豐厚的利潤，更在國家經濟的發展上起了很好的推動作用。據可靠數據顯示，截至1999年，美國擁有一千兩百三十七支風險投資基金，管理的風險資本總額達到1345億美元，占全球風險投資總額的70%左右。毫無疑問，美國是當今世界風險投資最發達、最具代表性的國家，因此，美國風險投資發展過程中的經驗，對於促進世界各國風險投資的健康發展具有十分重要的現實意義。

風險投資可能是成功的捷徑，也可能是失敗的深淵，作為一個風險投資家必須站在產業的風口浪尖。歷史見證了1985年美國風險投資的成功，及1995年臺灣地區科技風險投資熱潮的興起。如果說十年算一個週期的話，業內公認在2005年中國風險投資扮演了一個很重要的角色。馬雲早在1995年就看中了風險投資背後的利益，他事業的真正開端也就在這個時候，而使他獲得靈感的地方，就是因風險投資而持續繁榮的國家——美國。當馬雲在美國第一次接觸電子商務這個產業時，他就發現了商機。他隨即對自己的網路事業展開了一系列策劃，並且成為國內首位做B2B電子商務網站的人。初試牛刀的馬雲僅用一年的時間，就獲得了700萬元人民幣的營業額。那些對他的構思與營運模式進行投資的風險投資者也得到了豐厚的收益。

1999年，馬雲創辦了阿里巴巴網站，為世界各地的中小企業搭建起業務平臺，這是一個商家與商家之間的網絡線、溝通網。一傳十，十傳百，網站在商業界聲名鵲起，同時也吸引了風險投資商。全球著名風險投資機構Invest AB亞洲代表蔡崇信就任阿里巴巴網站財務長這一事件，引起了美國華爾街風險投資商的關注，美國高盛隨即決定向阿里巴巴注資500萬美元。「高盛」資金到位的第二天，成功投資了雅虎網站的「日本軟銀」董事長孫正義也隨即投資了2000萬美元。擁有了雄厚的資金，網站的發展突飛猛進，商務平臺越搭越大，註冊會員和點擊率更是呈暴增之勢。如今，「阿里巴巴」已躋身於全球最優秀的B2B網站之列，一個想買一千支羽毛球拍的美國商人，可在「阿里巴巴」上找到十幾家中國供應商；而遠隔千里的中國西藏和非洲迦納的用戶，僅用幾分鐘就能在「阿里巴巴」上成交一筆藥材生意。這就是阿里巴巴帶給商家的方便和益處，那些慧眼獨到的投資者也從中取得了成功。

◆有勇氣才能有收穫

馬雲曾說過這樣一段話：「我並不看重錢，我看重錢背後的東西，這個風險資金能夠給我們帶來除了錢以外的什麼，這是我最關注的。而且風險資金到底能夠幫助我什麼，它是不是有這樣的能力，是不是有這樣的人專門為我們服務，這個我很關心。所以，我對風險資金的挑剔程度絕對不亞於風險資金對項目的挑剔程度，我可能比他們還有過之而無不及。」從中，我們可以看出馬雲是一個極富有責任感與使命感的商人，他重視錢卻並不看重錢，他看重的是錢背後的東西。從狹隘的角度來理解，這個「東西」可以說成是利益的最大限度擴張。馬雲看到了這一點，網站做的每一個新產品都是一次新的挑戰與冒險。當然，這背後是有一定利益存在的。如果風險投資商勇於冒險，慧眼識出了這「背後的利益」，那麼他的投資就是有價值的，而那些風險投資線上缺乏勇氣的徘徊者就只能望而卻步了。

從馬雲創業到成功，由發展到多層管理，再到持續經營，足以看出他的魅力所在。他不但是一個勇於與風險投資共舞的人，還是一個為風險投資者創造奇蹟的人。這就是阿里巴巴的優勢所在：他們對很多賺錢的機會能夠做到冷靜分析，什麼值得做，什麼不值得做，幾個大的方向都很正確。在決定做淘寶的時候，他們很有把握戰勝當時占有90%市場份額的易趣。現在，管理階層的計畫比初期更龐大，考慮得更周全。

2008年，阿里巴巴又有了新的挑戰行動，馬雲投資10億元打造「軟件沃爾瑪」。2008年7月18日，「贏在軟件」新聞發布會在北京隆重召開，阿里巴巴集團資深副總裁、阿里軟件總裁王濤鄭重宣布，公司將正式聯手華登國際、賽伯樂等國內外二十家知名風險投資機構（簡稱VC），成立阿里巴巴「軟件互聯平臺」投資者聯盟。該聯盟將通過「贏在軟件」創富大賽，在五年內用10億元培育國內線上軟體服務市場，計畫實現軟件互聯平臺200億元的總服務收入，並且幫助三十家軟體開發商取得上市資格。除此之外，王濤還表示，「贏在軟件」的目的在於幫助「軟件互聯平臺」上的軟體開發商做大做強，同時也幫助風險投資機構尋找到最好的投資項目，用戶也能從中獲得更豐富、便利的資訊化服務。

勝利永遠是屬於勇於冒險、善於發現機會的人。阿里巴巴不斷地對風險進行挑戰，不斷地增強自身的實力，在逐步強大的過程中，也將為企業、為國家、為世界贏來更多的契機！

馬雲的人生哲學

「那些被我捨棄的風險資金不是不好，只是不太適合阿里巴巴，或者說是急功近利的，投了錢就跑掉。有的投資商投了錢，把雞蛋壓在籃子裡面，投了十幾個、二十幾個項目，人才卻沒幾個，對你無法顧及。一種是投資商天天看著你，你動一步他都要管你；還有一種就是他管都不管你。」馬雲的這段話不僅表現了他對風險投資的態度，還有對所有投資者的忠告。既然要做風險投資，就要看清、看好項目，不可掉以輕心或盲目地去做，既不可畏畏縮縮，抱著資金舉棋不定；也不可懷著僥倖心理，分散資金投入多個項目，買收益機率，這都是不可取的。

6「現在、立刻、馬上！」

成功人士無一不懂得執行。執行力是企業成功的一個必要條件，也是一個企業經營的準則。企業的成功離不開好的執行力，執行是戰略而不是戰術，執行能力只能從執行中獲得，不可能通過思考獲得。只有把知識和執行力結合起來，你才能擁有知行合一的能力，才能真正強大！只有執行力才是實現一切有效戰略的關鍵要素。當企業的戰略方向已經基本確定時，執行力就變得尤為關鍵。戰略與執行就好比是理論與實踐，理論給予實踐以方向性指導，而實踐可以用來檢驗和修正理論，一個基業長青的企業一定是個戰略與執行力相長的企業。而馬雲對於執行力的表述更加簡短、直觀和有力，那就是他的口頭禪：「現在、立刻、馬上！」

◆執行力是成功的關鍵

馬雲的淘寶網歷經三年時間終於將對手eBay易趣打敗，就贏在其獨特的經營模式。馬雲對自己和員工的要求就是——你可以創意少，但執行力一定要強。

當馬雲和淘寶網還不為人所知時，eBay易趣這個投入了數億美元的網站，是中國最大的電子商務拍賣網站，而且它的前身還是中國最早的C2C電子商務網站之一，一直是中國排名第一的拍賣類電子商務網站。在淘寶與eBay易趣的決戰中，雙方走的步數基本上是完全吻合的，並沒有太大差異。可是為什麼在資金、知名度等各方面都占有絕對優勢的eBay易趣，卻輸給了一個後來者呢？

有專家曾經對淘寶與易趣的互聯網廣告做過研究，結果發現他們都採用產品資料庫的展示排列框式廣告（banner），差不多的廣告費，前者的廣告效果卻是後者的十倍以上。這又是為什麼呢？原來原因就在兩個網站的產品性質上，eBay易趣的產品都是ipod、Zippo等這些針對高雅人士所設計的產品，很多人不懂英文就不會去看，即使看了也沒有多少人買得起。反過來看淘寶的廣告，大多是些性感內衣、印度神水等吸引目光的東西。由此可見，執行力不同造成的效果也不同，做同樣的事，由於執行力的因素會造成相差數十倍甚至更多的結果。

馬雲曾與日本軟銀集團總裁孫正義探討過一個與執行力有關的問題，那就是「一流的點子加上三流的執行水準，與三流的點子加上一流的執行水準，哪一個更重要？」結果兩人得出了一致的答案：三流的點子加一流的執行水準更重要。這也是成功者共同的觀點，執行力的好壞是直接與成功與否掛鈎的。馬雲的理由是，工業時代的發展靠人工，而網路經濟時代一切都是資訊化的，難以預測。因此，阿里巴巴不是計畫出來的，而是「現在、立刻、馬上」做出來的。執行力是一個人貫徹實施決策計畫，及時有效地解決問題的能力；執行力也是一種紀律，是策略的根本。僅擁有偉大的思想戰略和偉大的計畫是不夠的，只有把戰略和計畫貫徹到底才能獲得成功，這就是執行力。如果沒有執行力，所有的一切都是空談和妄想！很顯然，馬雲就意識到了這一點，也正是以這一點作為企業的營運模式贏得了成功。

馬雲的成功是從他對想法快速和有力的執行開始的，阿里巴巴的成功，依靠的也是高效率的執行力，馬雲曾將阿里巴巴稱為「一支執行隊伍而非想法隊伍」。他在不同場合反覆強調，去執行一個錯誤的決定總比優柔寡斷或者沒有決定要好得多。因為在執行過程中，你可以有更多的時間和機會去發現並改正錯誤。沒有執行力不可能做好任何事，執行力必須成為事業的核心成分。操作不成功、屢戰屢敗就是沒有執行力的表現，執行力是一切的關鍵，不論生活、事業或其他方面的成功都需要很強的執行力。

◆執行力是企業經營的關鍵

馬雲對企業員工的執行力要求很嚴格，他認為如今有創意的人很多，但能執行創意的人卻很少，所以他在創業之初就要求員工必須有很強的執行力。

在阿里巴巴剛剛學會走路時，馬雲為其構想的模式就是獨特的，當時幾乎沒有人認識到它的價值。馬雲在一次登長城的過程中，看到了牆壁上塗鴉式的留言「張三到此一遊」、「李四到此留念」等等，相信很多人也都在其他風景區見到過，有些風景名勝區還專門設有許願鎖、許願樹、留字石壁等平臺，使之成為遊客觀光留念的地點。馬雲受此啟發，他認為阿里巴巴應由網上論壇BBS按行業分類發展而來。因此，他當時要求技術人員將BBS上的每一個帖子檢測並分類。技術人員認為這樣做違背互聯網精神，但是馬雲認為只有這樣，才能讓用戶方便、快捷地利用阿里巴巴。因為他堅持己見，雙方發生了激烈的爭吵，但無論如何馬雲仍不改初衷，他始終認為方便用戶才是最正確的，直到馬雲去外地出差，事情仍無定論。

馬雲身在外地卻心繫這一程序，他通過電子郵件要求技術人員盡快按自己的要求完成工作，不料技術人員還是固執己見，不同意。馬雲是一個講究高效率、快速度的人，聽到此消息後，氣得火冒三丈，他抓起長途電話大叫：「你們立刻、現在、馬上去做！立刻！現在！馬上！」由於馬雲的強硬要求，阿里巴巴的發展方向最終確定下來，並獲得了有效的執行。這也使得阿里巴巴在互聯網泡沫時期不僅挺了過來，而且實現了獲利，馬雲的能力也在此得到了充分的證明。

馬雲每年都會為阿里巴巴訂下一個高目標，比如，2003年獲利1億元人民幣；2004年每天獲利100萬元人民幣；2005年每天繳稅100萬元人民幣等等，看似難如登天的目標。公司內外對能否完成這些目標也都提出了極大的質疑，但是最終證明他是對的，他把每一個假想都變成了現實。這也就是馬雲團隊為人所稱道的超強執行力。馬雲之所以成功，不在於他有一個天才的頭腦，不在於他有恢弘的理想，而在於他能不斷將每個想法執行下去。阿里巴巴團隊的平均資歷，在互聯網公司中並非最高，但團隊執行力卻比其他互聯網公司強上幾百倍，因此，阿里巴巴才會變得越來越強，逐步走上了互聯網的頂尖位置。

馬雲的人生哲學

很多不滿足於現狀的人，常常有很多構想，有時也會與親人或是朋友商討一番，然而多半是僅僅將之當作閒聊時的談資，總是因為某些顧慮而沒有實施或者不屑於去做，到頭來還是維持現狀。如果是個好點子、好創意，朋友執行後獲得了成功，自己就只有後悔的份兒了，這就是執行力強弱鮮明的對比結果。

好的執行力需要好的計畫，還要有好的貫徹和實施才行，有計畫卻不執行還是空架子。事實充分證明，企業要加快發展，要走在行業的前端，除了要有好的決策班子、好的發展戰略、好的管理體制外，更重要的是團隊要有執行力。執行力是連接戰略目標和現實成效之間的橋梁，是計畫和成果的紐帶，企業發展需要的就是「三分戰略，七分執行」！

7 使命感——企業發展的驅動力

一個成功的人，絕對是一個有著強烈使命感的人；一個成功的企業，也一定擁有著濃厚而獨特的文化氣息，這文化氣息裡必定蘊含著使命感。可以說，沒有使命感就不可能成功，使命感是人們前進的驅動力，同時也是企業發展的推動力。

每一個想要成功的人都必須有一種使命感，認定自己所幹的工作非常有價值，這樣你才能找到真正的價值所在。有些人永遠在旁觀，他們旁觀別人的成功，對自己無法獲得相同的成就感到懊惱。為什麼會這樣呢？那是因為他們不相信自己也能成功。使命感可以給人以自信，給人以動力，讓人大步向前，邁向成功！

◆使命感成就大事業

馬雲的創業經歷與大多數人一樣，也是一個苦樂並存的過程，他面臨過無數次的迷惘與掙扎，成功對他來說，只是完成自己的任務，因為這是上天賦予他的使命。「中國的很多互聯網公司可以模仿雅虎、美國線上、亞馬遜、eBay，阿里巴巴模仿誰？我們只能跟著使命感走。」馬雲說，這個使命不是獲利、上市，而是改變世界，尤其是改變中國商業世界的規則。從馬雲的身上，我們也可以得出一個結論：一個成功的企業也一定要有使命感。

作為中國網路企業著名的執行長之一，馬雲曾做過多次精采報告，在報告中他說過這樣一段話：「我做企業時帶著一種使命感，我堅信電子商務會影響中國、改變社會。我不相信遊戲會改變人類，全世界遊戲產業最強的三個國家美國、日本和韓國，目標都是出口，只有我們當成產業在做。」馬雲企業的領導分為三類：生意人、商人、企業家。生意人是只要能賺錢的生意他都做；商人「有所為有所不為」；企業家則會影響整個社會乃至整個世界創造的價值體現。馬雲認為：只有使命感才能使一個企業在面對挫折時選擇堅持，在遭遇失敗時不言放棄。除此之外，使命感還可以讓一個企業成為一個偉大的公司，吸引全世界的目光。馬雲無數次在公開場合中提到「使命感」，他說是「使命感」引領著他撥雲見日，因為他牢牢記住了美國前總統柯林頓所說的一句話：「使命感驅動我這個總統往哪裡走。」

馬雲認為使命感就是企業的推動力，不單是管理階層人員，一個企業要發展離不開整個企業上上下下所有員工的整體素質與使命感。

更具體的說明可見下面這個小故事：

在美國市區的馬路邊，一輛跑車突然停下了，當時天降大雨，司機好像被突如其來的事故給嚇壞了，半天才反應過來。他隨即下車冒著雨看了又看，確定毛病就出在一個小小的雨刷上，下雨天雨刷壞了的確是件麻煩事。當司機正在為無法正常行駛而苦惱時，突然從雨中衝出一個老人，趴到車上去修雨刷。司機問他是誰，他說他是生產這個牌子的汽車公司退休工人，看見他們公司的產品壞在路邊，他覺得有義務把它修好！

從這個故事中，我們可以瞭解到「何為使命感」，正是這種強大的使命感，才使得這個老人將公司的事當作是自己的事。馬雲對此也很贊同，他說：「當大家都擁有同一個價值觀，並都有強烈的使命感時，一萬個人和一個人沒有區別。」馬雲確定他能實現這一點，因為過去他就是這麼做的。2004年，馬雲創辦從事C2C業務的淘寶網，在兩年內戰勝了全球最大的同業公司在中國的eBay易趣，取得了75%的市場份額。他就是用對企業、對自身、對商場的使命感，激發著自己一步步走向成功的。

◆一切動力來源於使命感

2006年11月30日，阿里巴巴集團執行長馬雲在人民大會堂小禮堂裡做了一場精采的演講，題目為「互聯網的中國之道」。在報告中，馬雲暢談了阿里巴巴集團一路發展壯大所依託的理念，而其中反覆提到的便是「使命感」一詞，他一語道破天機：阿里巴巴的使命就是「讓天下沒有難做的生意」！而事實也證明，他是這樣說的，也是這樣做的。

其實，馬雲早在支付寶誕生之際就秉承了「為了國家我們必須做，為了我們自己也必須做」的理念。他對國家的責任感始終如明鏡高懸。最初，他敏銳地預感到了電子商務對於未來中國發展的重大意義，在做支付寶的同時，還特別提出「不能犯任何政治上的錯誤，不能犯任何銀行法上的錯誤」，「如果這個時候國家說要國家來做，我願意無償給國家來做」。從這些類似於誓言的話語中，可以感受到馬雲的經營理念，也可以感受到他言行合一的使命感。在2006年阿里巴巴併購了雅虎中國後，馬雲又一次站在了中國互聯網業的風口浪尖，企業要不斷發展，就要不斷地推出新產品，而此時，無珠玉在前，亦無前車之鑑，下一步該怎麼走，整個企業都感到迷惘。在這關鍵時刻，馬雲提出了「讓天下沒有難做的生意」的口號，「簡單」就成為阿里巴巴推出一系列產品的唯一標準，把簡單送給客戶，把麻煩留給自己，在「使命」與「目標」的指引下，馬雲的互聯網之路從此邁入了新的征程。

在中國的各行各業，像馬雲這樣從失敗的教訓中爬起來的人有很多，他們那種不放棄、不認輸的堅定信念就是一種使命感，是使命感給了他們站起來的勇氣與繼續奮鬥的動力。那些在道路中途碰到挫折就退縮的人，是意志不堅定的人，意志堅定的人做事不一定會百分百成功，但是意志不堅定的人卻必定不能成功。也可以說，意志不堅定的人就是沒有使命感的人，他們沒有奮鬥的動力，自然也會離成功越來越遙遠。

馬雲的人生哲學

背負著使命的人一定是有追求的人，就好像人來到這個世界上，冥冥之中就好像是帶著某種使命來的，或是為了幸福，或是為了國家，或是為了人類……

在商海中，有使命感的人是勇於拚搏的人，他們在成功之後，會不斷地去尋找下一個使命，能讓人生走向輝煌的使命，並再次奮力去實現。生命是一個過程，有的人了無遺憾地走完了，有的人卻……

第七章　融資哲學

——掌握自如，成就互聯網事業

投資者總是希望投入更多的錢，無論是銷售額還是利潤，我們現在每月都以兩位數的規模在成長，我們不需要錢，錢太多了不一定是好事，人一有錢就容易犯錯！

——馬雲

馬雲是一位非常聰明的企業家，他知道像互聯網這樣的產業，資本很重要，但會靈活運用資本更關鍵。「很多人失敗的原因往往不是因為錢太少，而是錢太多。」

融資的確是一門深厚的學問，一個創業者或是一個公司，不應在最窮的時候去融資、更新技術，而要在形勢最好的時候去集資。50萬元的成本成就市值近百億元的互聯網帝國，馬雲對手中的資本總是掌控自如，他的祕訣究竟是什麼？

1 馬雲的「融資」秘訣

融資是一個企業籌集資金的行為與過程，也就是公司根據自身的生產經營狀況、資金擁有狀況以及公司未來經營發展的需要，通過科學的預測和決策，採用一定的方式，從一定的管道向公司的投資者和債權人籌集資金，組織資金的供應，以保證公司正常的生產需要和經營管理活動需要的理財行為。

融資是一門高深的學問，包含許多技巧。對於企業來說，融資非常重要，它是一個企業擴張及發展的重要資金來源。企業籌集資金無非有三大目的：擴張、還債以及混合動機（擴張與還債混合在一起的動機）。然而，公司籌集資金並不是隨便進行的，應該遵循一定的原則，通過一定的管道和一定的方式去進行。

馬雲說過：「投資者總是希望投入更多的錢，無論是銷售額還是利潤，我們現在每月都以兩位數的規模在成長，我們不需要錢，錢太多了不一定是好事，人一有錢就容易犯錯啊！」是的，融資是有利於公司的發展，但並不是越多越好。因為它就像一個加油的過程，如果路程很短又何必加這麼多油呢？假如一個公司融資了上億元，可是它只有花掉幾百萬元的實力，剩下的錢不是如同廢紙一堆嗎？再者，如果一個人只能管理五十個人，但一下子給了他一百個人，那麼後果只能是使企業垮掉。因此，錢不在多，夠用就行。

◆項目是爭取資本的基本途徑

馬雲，這個傳奇式人物，在中國互聯網業界，迄今仍是一個異數——他貌不驚人、不懂技術、沒有留洋背景，還做過蹬三輪、搬運、賣報等匪夷所思的工作，卻幾度融得海外鉅資，創立了阿里巴巴，被國際媒體稱為是繼雅虎、亞馬遜、eBay之後的第四種互聯網模式。馬雲根本不用為資金而犯愁，如此高超的「融資」技術，讓世人發自內心的讚歎，然而，人們同時也冒出了這樣一個疑問：馬雲的「融資」祕訣究竟是什麼？

資金是企業發展的關鍵因素，特別是中小企業，缺乏資金是企業發展的重大阻礙。然而，中小企業融資向來為世界性難題，無論是在中國還是其他國家，這個話題一直沒有停止過探討。全球私募股權基金在近些年越來越流行，已經成為投融資市場的主要管道之一。2007年，在美麗的渤海之濱天津舉行了一場民營企業的融資盛宴。這場由全國工商聯、天津市政府和美國企業成長協會共同主辦的洽談會，以引進「基金投資方與企業融資方直接約談」為模式，為海外私募股權投資基金和中國民營企業搭建了一個有效的投融資平臺。這暫時解決了國內民營企業快速發展中資本不足的問題，但這畢竟不是長久之計，這就好比一個人受傷後馬上做護理，只能止血卻無法止痛一樣。企業的發展靠的還是自身，資本不是憑關係，而是憑項目。只有成功的項目才具備投資的價值，才能吸引投資者的目光。阿里巴巴能一次又一次地融資成功，這與馬雲能為投資者提供有前景的項目有很大關係。

◆與有共識的人一起做大事

阿里巴巴融資過程中的兩個大手筆分別是——2001年，馬雲拿到了孫正義的2000萬美元，阿里巴巴由此進入發展的快車道；2003年，馬雲與孫正義又一拍即合，進軍C2C市場，孫正義拿出8,200萬美元，淘寶網由此誕生。可以說，孫正義既是投資人，也是馬雲的恩人。那麼，馬雲憑藉什麼贏得孫正義的信任呢？

剛開始接觸孫正義的時候，馬雲幾乎什麼都沒有，可以說正處在最困難的時期，許多比馬雲有實力的企業都沒有從孫正義那裡籌借到資金，但馬雲卻成功了。

據馬雲說，當時他有一個非常要好的印度朋友在摩根士丹利，這個人非常聰明，也非常可愛。在阿里巴巴還很「小」的時候，他就非常看好這個網站，常常對馬雲說，你這個網站非常有前途，還表示想跟馬雲合作。但由於當時馬雲的公司正與高盛公司談合作，而高盛與摩根士丹利是競爭關係，出於對客戶的尊重，也為了表示自己的誠信，馬雲婉拒了這位印度朋友。不過，朋友並不在意，還為他介紹了影響他一生的人——孫正義。

後來馬雲就去見了孫正義，當時他連西裝都沒有穿，用他自己的話說就是：「我根本就沒有想過要借錢。」可是最終他卻籌到了錢。回憶起當時的場景，馬雲還記憶深刻：「我眼睛裡沒有錢，但是我覺得孫正義是一個有大智慧的人。也許正因為我心理的平和，他就打斷我，說你要多少錢？他教我怎麼花錢花得更快。然後我就在想我見過這麼多VC，這個人只花了六七分鐘就明白了我要幹什麼，我講的他都說有道理，他講的我也覺得有道理。也許那是一見鍾情，後來他身邊的人說我倆是心靈上的合作夥伴。」

然而，當孫正義說要借給馬雲4,000萬美元時，馬雲卻拒絕了，他說不需要那麼多。後來，當孫正義又說給他3,500萬美元，馬雲還是回答說回去考慮一下。頗有遠見的馬雲並沒有被鉅額的數字沖昏頭腦，回到公司後他越想越不對，覺得錢多了真是不好，肯定要出問題的。不久之後，馬雲將資金降到了3,000萬美元，才決定接受下來。可令人意外的是，馬雲再三考慮，還是覺得不妥，於是，他給孫正義寫了一封信，說：「對不起，3,000萬美元我不要，2,000萬美元我可以接受，如果不行我們就這樣結束了。」

真正會做生意的人，不是整天把生意掛在嘴邊，他們會找與自己有共識的人一起合作，這樣就省去了很多解釋的麻煩。像馬雲和孫正義，他們常常交流，但聊的話題基本上是高爾夫球，跟公司業務關係不大。就像馬雲自己所說的那樣：碰到這樣好的合作夥伴是你的運氣，在互聯網最冷的時候，我從來沒有騷擾過他，他也從來沒有打擾過我。但這是一種信任，這種投資者很難得，我跟他的區別是我看起來很聰明實際上不聰明，而他看起來不聰明但實際上卻很聰明，這才是真正的大智慧。

馬雲的人生哲學

融資，是現代企業經營必修的一門課程。從現代經濟發展的狀況看，企業需要更加全面地瞭解金融知識、金融機構、金融市場，因為企業的發展離不開金融的支持，企業必須與之打交道。

1991年，鄧小平在視察上海時指出：「金融很重要，是現代經濟的核心，金融搞好了，一著棋活，全盤皆活。」馬雲這個融資高手，2004年2月再一次站在了聚光燈下，宣布第四輪融資到位，金額為8,200萬美元——這是迄今為止國內網路界最大的一筆私募，阿里巴巴由此再上一個臺階。

2 腦袋決定口袋

眼界決定境界，思路決定出路；定位決定地位，腦袋決定口袋。口袋空空是因為腦袋空空，腦袋轉轉口袋就滿了。所以有人說，人與人的最大差別是脖子以上的部分。對國家領導人來說，他們腦袋裡的想法直接決定了百姓的口袋；對企業領導人來說，他們的想法決定了員工的口袋。特別是在今天這個知識經濟時代，因為腦袋出眾而大把大把地賺金攢銀的並不僅僅是個例，這已成為一種現象，一種經驗之談。

成功是靠脖子以上部分，即靠堅強的意志力，靠訓練與工作上的特別投入……歸根究柢，就是以思想控制行為，冠軍運動員、知名藝術家、商界優秀人物等行業頂尖人物無不如此。財富來源於頭腦，錢往有頭腦的人口袋裡鑽，相信今天沒有人會反對這種說法。

◆財富不是在口袋裡，而是在腦袋裡

每個人都希望自己擁有大量財富，那麼財富究竟從哪裡來？

馬雲說：腦袋決定口袋。馬雲並不算是中國最有錢的人物，但不可否認的是，他是最會賺錢的人。1999年，馬雲決定回杭州從零開始創辦「阿里巴巴」網站時，他對北京的夥伴們說：「願意同去的，每個月只有500元的工資；願留在北京的，我可以介紹去收入不菲的雅虎和新浪。」可是，他的夥伴們都跟著他回到了杭州，其真正的原因就在於大夥都相信，馬雲這顆腦袋能夠創造出更大的價值。今天，阿里巴巴成為全世界最大的商用網站，這與馬雲本身有著強大的融資觀念分不開。正是他，讓人們相信，腦袋才是真正的錢袋。

曾經暢銷一時的《窮爸爸富爸爸》一書，對「用腦袋賺錢」這句話做了最佳的詮釋。背景條件相同的兩個人，由於對財富的觀念、態度和反應大不相同，經年累月，便造就了一個貧窮、一個富裕的兩極化結果。

馬雲經常對他的手下說：「我們要求銷售人員出去時，不要盯著客戶口袋裡的5元錢，你們是負責幫客戶把口袋裡的5元錢先變成50元錢，然後再從中拿走5元錢。」因為「如果客戶只有5元錢，你把錢拿來，他可能就完了，那是騙錢。客戶都完了，阿里巴巴也就完了」。他還教導員工們要懂得用大腦思考問題，想出與眾不同的解決方案。

成功者的財富都不是偶然產生的，財富的背後必然有獨特的方法，而腦袋裡蘊藏的能量必是其中關鍵的一項。你的想法決定你的行動，你的行動決定你的未來。也許你現在口袋裡有很多錢，但如果腦袋裡空空如也，那麼總有一天你會淪落為真正的窮光蛋，因為錢總會花完。只有裝滿智慧的頭腦，才是你人生中最大的財富，它就如同一股清泉，永遠取之不盡，用之不竭。

世界上創業的人很多，但大多數人都以失敗而告終，只有少數人經過一番拚搏之後能夠笑傲江湖，雖然他們成功的模式多種多樣，但至少有一點是相同的，即充分運用大腦。但是要記住，不要去照搬他人的模式，成功的模式沒有人會告訴你，凡能公開的案例，都是過時或被對方遺棄的，你再拿來用，正好中了計。所以，一個可用的成功模式是用自己的腦袋思考出來的。

◆腦袋決定財富

有人說，這個世界是不公平的，因為有的人不停地為生活奔波，但依然難以解決溫飽；而有的人只須下達一個號令，驚人的錢財就已經進了他的帳戶。為什麼？因為後者是用自己的腦袋在掌握著自己的人生，而前者卻是整日在瞎忙。在「口袋決定話語權」的時代，嘴用來餬口而非表達意願的大有人在，生存成為他們的首要目的。而在「腦袋決定口袋」的地方，每天都充滿著機會和陷阱，需要用腦袋來決定何時出手，以獲得成功。

馬雲說：「如果沒有投資者的支持，我們不可能走下去。但投資者在沒有看到實實在在的市場啟動時，他們絕不會再投入。我的幸運之處在於，在選擇投資者的第一天我就和他們講好，倒楣的時候我也需要你，要是倒楣時你比我跑得還快，那可不行。所以，我覺得腦袋要決定口袋，但腦袋要知道自己在做什麼。」這就是馬雲的獨特之處。投資者為什麼甘願在他倒楣的時候還支持他呢？正是看中了他那顆不大但充滿智慧的頭腦。

馬雲的人生哲學

身在職場，要獲得重用，必須懂得用新思路找到新出路，讓腦子決定一切。其實，好好想一想，成功與失敗、富有與貧窮只不過是因為當初的一念之差。當初只要帶幾千塊錢殺進股市，可能幾年後便成了百萬富翁；當初只要用幾百塊本錢去擺地攤，十年後說不定就成了大老闆。有多少個當初，就有多少個後悔。不錯，你的能力或許比他強，你的資金或許比他多，你的經驗或許比他足。可是事實卻是，今天成功的是他而不是你，你的思想決定了你當初沒有去做，你不去做的思想決定了你十年後的今天依然很貧窮。不同的思想最終導致不同的人生，請記住這條成功線：思想—行為—習慣—人生。

 你沒有錢，但你有贏的機會

為什麼卡內基能以週薪2.5美元的報酬開始創業，後來卻躋身億萬富豪的行列？為什麼希爾頓能以5,000美元締造出希爾頓帝國的神話？為什麼張宏偉以700元起家就能建成一個總資產超過15億元的企業集團？……為什麼我們依然一貧如洗、兩袖「清風」？看到別人的成功，我們總是愛抱怨，抱怨自己的才華得不到發揮，抱怨機會不來光顧自己，甚至抱怨自己沒有出生在一個富有的家庭，沒有更好地施展抱負的條件。其實，這一切都是次要的，因為沒有錢不代表你沒有贏的機會。同樣，有錢不一定就會獲得成功。錢是死的，人是活的，重要的是如何利用自己的聰明智慧，利用別人的資本為自己賺錢。

事實上，有時人們為了成功，必須和錢保持距離。錢能幫人，也能害人，比如說當你手裡有錢了，你就不需要考慮環境的限制了，你不會為了籌資而奔波，你會租下豪華辦公大樓當辦公室，而不會量入而出，更不會創造性地解決問題。缺錢時呢？你會讓每一分錢都花在刀口上，你會學會從新的視角觀看這個世界，用盡各種辦法創造性地解決問題。如此看來，有時候沒有錢未必不是好事。

◆用別人的錢賺錢

用別人的錢賺錢，這是許多成功人士致富的方法，富蘭克林、尼克森、希爾頓等人都運用過此方法，這也是馬雲的經

驗之談。可以說，這些商業大師們的起點都很低，他們剛開始自己創業的時候，條件比大多數普通人還差很多，基本是一窮二白。雖然辛勤工作是他們成功的主要原因之一，但是更重要的是，他們知道該如何使用金錢，一塊錢在普通人手裡只是一塊錢，在他們手裡就可能通過不斷地運作變成幾十塊錢。他們明白一個道理：我雖然沒有錢，但我懂得用別人的錢為自己賺錢，如果不懂得這一點是難以致富的。威廉．尼克森總結了許多百萬富翁的經驗說：「百萬富翁幾乎都是負債纍纍。」

阿里巴巴從1993年3月開始籌劃，正式註冊公司是在1999年9月，當年10月就完成了第一輪500萬美元的投資。三個月以後，阿里巴巴的董事長馬雲得到了日本軟銀集團孫正義投資的2000萬美元。在2001年年底和2002年年初，阿里巴巴因為發展需要，又開始在日本尋找新一輪的戰略投資者，並象徵性地融到了500萬美元。在過去幾年裡，阿里巴巴總共融資3000萬美元，全部用於自身的發展。阿里巴巴的成長過程，很好地體現了「用別人的錢為自己賺錢」這個原則。錢是多產的，自然生生不息，錢生錢，利滾利。「不僅要用你自己的錢賺錢，還要學會用別人的錢為你賺錢。」這句話也是泰德．透納的父親在家訓中不斷強調的，它為泰德．透納以後從一個小電臺老闆變成傳媒大亨，奠定了重要的思想基礎。

可見，人能否賺錢，並不在於你投資多少，有多少好的產品，而在於你敢不敢去把握社會發展的先機，懂不懂得利用你身邊可以利用的資源來發展自己。無論現在或將來，它都決定了你的經濟狀況。

當然，「用別人的錢」的方式應該是正當、誠實的，絕不能違背道德良知，這就關乎誠信問題。缺乏誠信的人，總有一天會失去所有的信任，輸掉全部「家當」。馬雲正是因為信奉「誠信」，才得到了孫正義的大膽投資。

◆融資要懂得利用自己手中有價值的東西

臺灣地區有句俗語說：「人兩腳，錢四腳，用錢追錢，比人追錢要快得多，而且省力得多。」當今社會，如果還以傳統的思維方式來支配自己的行為，不去打破常規，那只會越走越艱難。想當年，馬雲創立阿里巴巴網站的時候，就遇到了資金困難，在經過周密的考慮之後，他決定利用自己網站的未來價值去遊說那些投資者，而「網站的未來價值」就是他手中最大的籌碼。那些精明的投資者在反覆權衡比較之後，看中了優秀的團隊和網站未來的「錢」途，因此馬雲成功了。許多世界著名投資機構開始向阿里巴巴投資，在很短的時間內，馬雲就籌集到了上百萬元的啟動資金。馬雲把這些資金都用在公司的戰略發展目標上，從而使阿里巴巴這個網路帝國越造越大。

位於美國矽谷的美通公司創始人王維嘉，在公司剛成立時，就將其定位在向個人提供移動資訊服務上。然而，資本是創辦和發展高技術企業的關鍵，對於這麼一個小公司而言，缺乏資本成了公司發展所面臨的重大問題。但王維嘉並沒有放棄，為了融資，他對風險投資及其運作做了深入瞭解，最後成功地先後四次從多個風險資本家手裡融資達3,000萬美元。

王維嘉的成功，源於他在融資過程中的專業化表現，個性上的堅韌以及他所具有的十足信心和創業決心，更重要的是這些投資家也看好他企業的前景。

在現代商業社會，用別人的錢賺錢已經成為商界的一條準則。正像洛克斐勒說過的：只有通過借款才能致富，因為一塊錢得到的報酬遠遠不如借來的一百塊錢得到的報酬高，只要有機會，我不惜大舉借債也要購買土地。如今，現代社會給人們提供了各種各樣的融資管道，除了商業貸款外，還有股票、債券和其他的融資管道。能否利用這些融資管道為自己的企業或公司籌集資金，是衡量一個領導是否善於理財的標準。更重要的是，當你利用各種途徑進行籌資時，別忘了利用自己手中那些最有價值的資訊，它才是成敗的關鍵。

馬雲的人生哲學

其實，真正決定人與人差距的並不是錢，而是人自身。在創業初期，阿里巴巴沒有一分錢收入，這是當時令阿里巴巴員工們頗為擔心的問題。但最後阿里巴巴成功了，馬雲出名了。「永遠不要讓資本說話，要讓資本賺錢。讓資本說話的企業家，我覺得不會有出息。重要的是讓資本賺錢、讓股東賺錢。」

當你看到Ben&Jerry's冰淇淋連鎖店靠著幾百美元創業，最後建立起一個價值幾十億美元的連鎖店；麥克．戴爾用1,000美元建立起一個上百億美元的公司時，你就會知道，錢不在於多，重要的是你是否懂得賺錢的方法，是否會靈活運用資金。有人開玩笑說，如果把李嘉誠或者麥克．戴爾這樣的人物扔進貧民窟裡，幾年之後，他們一樣可以成為富翁。

4 阿里巴巴「晴天借傘」

按照馬雲的說法，阿里巴巴不缺錢，即便是上市，也是出於其他因素的考慮。隨著眾多同期同行的創業者們陸續在資本市場找到了名望和財富，阿里巴巴最終也邁出了上市的腳步。事實上，阿里巴巴確實早已分拆B2B業務，劃分為包括B2B、C2C、支付寶、雅虎中國和阿里軟件在內的五大業務板塊，調整了集團組織架構，為上市做好了準備。

2004年2月，一直稱自己不缺錢的馬雲正式對外宣布公司8,200萬美元融資全部到位，這是中國互聯網業界截至目前最大的一筆融資。馬雲很有信心地表示，這筆融資將用來強化公司在B2B領域的絕對領先地位，並進一步加強阿里巴巴公司的銷售和分銷網絡，提高技術研發能力以及公司的管理能力。

如此巨大的私募金額令業界咋舌眼熱的同時，也難免讓人覺得有些費解：作為中國互聯網公司迄今為止最大的一筆融資，投資人不圖立馬上市套現，還公開表示支持馬雲做中國最大的C2C網站，全然沒有以往投資人短期暴富的心理，這似乎違背了資本市場的遊戲規則。然而，這正是馬雲的高明之處。

◆什麼時候融資？

資本家都是「晴天借傘」的主，你越有錢時他就越想給你投資。所以，一個創業者或是一個公司，不應在最窮的時候去融資、更新技術，而要在形勢最好的時候去集資。

「一分鐘說服孫正義投資8,200萬美元」，這句話在投資業幾乎已經成為形容馬雲最有代表性的一句話。有一年，馬雲和同事到日本辦事，正準備回國時，孫正義突然打電話，邀請馬雲立刻返回。當時馬雲已經在去機場的路上了，但孫正義說：「你把機票退了，一定要回來跟我見一面。」返回後，兩人就在房間裡就資金融入方案進行了談判。雙方聊得非常開心，談互聯網的發展，談中國的電子商務，並且對電子商務的看法幾乎是不謀而合。更有趣的是，當馬雲離席去洗手間時，孫正義也緊隨其後，追到廁所裡面談，於是兩人在洗手間裡「一分鐘」談定了融資數額和分配方案，所有人都傻了。奇怪的人、奇怪的事，就連馬雲自己都覺得這像個不真實的故事，但他十分肯定地說：「中國有最大的市場，最多的上網人群，未來三至五年，世界電子商務領袖企業肯定在中國。」

人們在恭喜馬雲這次成功融資的同時，也產生了諸多懷疑：是不是跟過去缺錢有關？馬雲卻說：「這8,200萬美元不是我們自己出去找的，我們是被動方。花時間創建一家強大的企業，因為這個想法，投資者說如果你需要錢我們不斷地給你，我們不希望阿里巴巴和淘寶因為缺錢而停止自己的發展戰略。」

正是這筆資金使阿里巴巴獲得了相當大的資金運作實力，鞏固了阿里巴巴在中國企業進出口和國內貿易中的領先地位，同時也使得該公司能有更雄厚的實力，加大對個人交易網站淘寶的投入。可見，「晴天借傘」並不是多此一舉，而是錦上添花。

馬雲的理想仍然是希望自己的企業能夠在業務上不斷深入

和拓展，使企業的規模不斷發展和壯大，而不是靠資本市場來實現自己大把「數錢」的目的。他自己也說，他曾經凍結過公司的上市計畫，因為他希望專注於建立業務模式，而不是去融資。然而我們看到，不管馬雲願不願意，他已經到了該數一數自己有多少錢的時候了，VC的套現需求會直接造成阿里巴巴的再融資需求。此時公司的發展，已經不能由馬雲自主控制，而馬雲必須跟上公司發展的需要。

◆「晴天借傘」也須誠信當頭

共有四家投資機構參與2003年的8,200萬美元私募，他們是日本軟銀、富達創業投資部、TDF風險投資郵件公司和Granite Global Ventures。除了總部位於美國矽谷、以創新技術投資為導向的風險投資基金Granite公司是新近加入的投資人外，其他三家在過去四年內始終是阿里巴巴的投資人。這次投資仍是以孫正義領軍，私募後軟銀繼續保持阿里巴巴第二大股東的地位。在全球的投資行業，阿里巴巴是他三年中唯一投資並是目前投資最大的公司。

投資者為什麼看好阿里巴巴？除了因為阿里巴巴在全球企業市場占有率第一、其團隊最瞭解客戶和市場外，最重要的是在誠信方面，阿里巴巴邁出了非常大的一步！

這次私募融資8,200萬美元，也是為了應付中國電子商務產業格局將要發生的巨變。「中國互聯網過去一直是非商務強，電子商務弱，這一局面在今（2004）年將會發生根本變化！」馬雲預言，中國互聯網將由「網友」轉入「網商」時代。

公司的發展必須要考慮長遠利益，「任何人都不會投資一個不賺錢的企業，尤其是互聯網現在越炒越熱，投資者是很理性的」。「我認為未來三五個月內，阿里巴巴的價值要遠遠超過幾千萬美元，所以我從來不跟我的投資者保證投資報酬率。但是我們比較幸運，我們每次做的都比投資者預期好很多，才會形成這種信任，因此我們得到的資金也越來越多。」

誠信是個基石，然而最基礎的東西往往也是最難做的，融資能否成功，就在於你是否值得別人信任。誰做好了這個，誰的路就可以走得更長、更遠，馬雲取得了別人的信任，也因此取得了一次又一次成功的融資。

馬雲的人生哲學

「打仗之前我們就說兵馬未動，糧食先行，目前的資金儲備也是為了和全球著名電子商務企業eBay、雅虎這樣的公司競爭，目前所做的事情也是希望我們在戰爭沒有開始時先勝出，當然這可能是三年後的事情，但我們現在就要開始準備。」公司的內部改革也是同樣的道理，要在公司效益最好的時候實行。控制、領導一家公司靠的是智慧、膽識、勇氣，而絕對不是資本。如果一家企業靠資本去管理，那就沒有長久走下去的希望了。永遠要記住，資本是為你服務的，而不是你為資本服務。

5 讓資本來找自己

馬雲創造了中國互聯網商務的眾多第一，他是一位獨創商業模式的理想者和實幹家。2005年8月11日，發生了中國互聯網史上最大的一起併購，即阿里巴巴收購雅虎中國全部資產，同時得到雅虎10億美元投資，共同打造中國最強大的互聯網搜索平臺。對於企業的經營，馬雲有著自己獨特的風格與技巧，「普遍造富」而不獨富，讓資本圍著自己轉，而不是追著資本跑。

◆被資本驅逐狂奔著

馬雲用一個源自神話故事的名字——阿里巴巴，創造了現代互聯網界的新神話。它讓商人挑選整個世界，讓購物的快樂在網上延伸……馬雲作為這個時代的指標性人物，憑藉自己的聰明才智贏得了人們對他的尊敬。

1999年初，馬雲以50萬元人民幣起家創建了阿里巴巴網站，當時他的團隊僅十八人。儘管頭頂著「互聯網」的高科技光環，馬雲的創業歷程卻如大多數製造業浙商那樣充滿了艱辛——「沒日沒夜地工作，地上有一個睡袋，誰累了就鑽進去睡一會兒」。

然而，九年以後的阿里巴巴，市值超過200億美元，員工達到七千多人。馬雲到底念了什麼魔咒，讓阿里巴巴以不可思議的速度前行？最關鍵的答案是——資本。阿里巴巴發展史上的每一個環節，都和馬雲的資本運作密不可分。

在創業初期，馬雲用以高盛為首的投資集團的500萬美元投資，讓阿里巴巴度過了互聯網最難熬的寒冬；2000年，馬雲以日本軟銀2,000萬美元的風險投資，大肆擴張；2005年，馬雲又一手導演了和美國雅虎的驚天併購——雅虎以10億美元和其在中國的全部資產作為代價，換取阿里巴巴40%的股份和35%的投票權。這一次併購，也讓阿里巴巴的上市計畫浮出了水面。

馬雲總是不停地強調，不是他在找錢，而是錢在找他。「我們不會跟基金要錢，從1999年開始，我們對風險投資的選擇就很嚴格。」事實也正是如此，得道者多助，馬雲的身邊從來不缺資金，也從來不乏他人的幫助。

馬雲從自己的創業經歷中總結道：「從教師崗位出來是因為有一個夢想，這個夢想就是要用自己的智慧和知識創造一個有自己品牌、有自己文化的企業。1970至1980年經商成功的人大部分都有關係，或者膽子非常大；1980至1990年後期很多商人的成功，靠的是資金和關係。如果在二十一世紀，中國的企業仍舊是靠關係、靠資金，而不是靠智慧、努力、勤奮取勝的話，中國企業將沒有機會、沒有希望。我的夢想就是靠我的知識和創造力讓資本圍著我轉，創建靠品牌發展的企業。」

◆心中無敵，無敵於天下

在馬雲收購雅虎中國後，他的麻煩就一直不斷，阿里巴巴似乎成了互聯網界的一個公敵，不斷遭到群毆，簡直是一場災難，阿里巴巴三年內注定無安寧之日。接手後的第一天，馬雲走進雅虎中國，從幾百人的眼睛中至少讀出了幾十種心態，有迷茫、憤怒、無奈，也有希望……馬雲感到這絕不是簡單的接收，而必須從組織上再造雅虎中國，賦予它核心價值觀和方向感，以及建立一個有效的管理體系。當時雅虎中國的兩個最重要部門——人力資源和財務部門，由於骨幹流失已經形同虛設，普通員工則像沒了主心骨，人心渙散，業務更是糟糕，沒有一個部門是處於上升狀態的。之前雅虎中國的主要收入來源是"3721"的市場份額，但這部分在收購之前的半年裡下降了65%。

雅虎中國的文化是從美國搬來的典型工程師文化，重事實勝過激情。而阿里巴巴不一樣，阿里巴巴的理念是「激情」、「客戶第一」、「擁抱變化」，把阿里巴巴的核心理念輸入雅虎中國是馬雲最希望做的，可他深知這場輸入將會異常困難。馬雲的解決辦法是，首先切斷他們和美國的聯繫，不允許員工和美國雅虎有任何溝通。可到後來，馬雲被迫放棄了讓雅虎中國全盤學習阿里巴巴模式的嘗試，他決定讓雅虎中國獨立。除了人事和財務之外，雅虎中國結束了開始時全面向阿里巴巴彙報的關係，取而代之為同等的業務交流和資源分享。

曾經有人預言，阿里巴巴和馬雲最終有可能反而被雅虎控制。馬雲對此的回應是，「我說過，資本應該圍繞著企業家轉，而不是相反。我永遠不會被控制，否則我寧可不幹，我希望自己是一個獨特的企業家，站出來和資本周旋，要是那樣的不幸發生，對中國企業家將是一次嚴重挫敗」。

作為企業家中的先鋒人物，馬雲自己所占的股份卻非常低。據阿里巴巴招股書顯示，馬雲的持股不足5%。這一象徵性的持股比例，與另兩位浙商——盛大董事長兼執行長陳天橋持股75%、網易董事長兼執行長丁磊持股52%相較，顯得微不足道。不足5%的股份，如何來控制上市公司？馬雲就不擔心自己親手拉拔大的阿里巴巴「旁落他人」嗎？對此，馬雲顯得頗為坦然。他告訴記者，正如他先前所言的「要讓資本跟著企業家跑」，國外VC更多的是看重企業家本人，他從創業的第一天起，就沒有想過用控股的方式來掌控一個企業。「管理和控制一家公司，靠的不是股份，而是企業家的智慧。」

平心而論，財富和金錢一旦接近天文數字，往往會讓人眼花撩亂，其象徵意義遠比實際意義更大。「分享」而非「控制」，幫助更多的人賺到錢，是馬雲創辦阿里巴巴的初衷，也將是其企業永恆的宗旨。

馬雲的人生哲學

「我想，做互聯網的不可能不熟悉資本、不熟悉風險投資。但我要說的是，我們不能跟著風險投資走，而是要風險投資跟著我們企業家跑。」

領導一家公司，依靠的永遠不是資本力量，而是市場力量。阿里巴巴的董事會不是討價還價的董事會，而是解決問題的董事會，他們懂得創新，只有資本和創新結合，企業才能有發展，這才是二十一世紀的企業觀念。因此，阿里巴巴從來沒有被任何資本控制過，無論是軟銀集團還是其他。

6 踏破鐵鞋無覓處，得來全不費工夫

鐵鞋，是指堅固的鞋。「踏破鐵鞋無覓處」是描寫追尋的艱苦，越過千山，渡過萬水，連最堅固的鐵鞋都踏破了，卻仍不知要找的東西在何處。而後面卻突然話題一轉，「得來全不費工夫」，正是在失望的情緒盡情展現時，卻忽然看到尋找的東西就在眼前，那種意外得到時的喜悅與歡欣無以言表。這不正是馬雲的真實寫照嗎？馬雲在一窮二白、獨立無助的時候，卻忽然收到高盛的資金援助，從而得以在肥沃的土壤中快速成長；在阿里巴巴的發展進入一個全新階段，缺乏成長的資金時，又有了孫正義的鼎力相助，從而使得阿里巴巴再次創造輝煌。

◆峰迴路轉：來自高盛的「天使基金」

1999年是中國互聯網發展的高峰期，火熱的勢頭，吸引了許多國際風險投資機構的注意。當時，以著名的老虎基金、高盛和軟銀為代表的國際風險投資機構，開始大規模地在中國互聯網市場進行投資，這些大的國際風險投資商在中國的入口網站以及電子商務網站裡的大手筆，為中國互聯網事業的發展注入了一股股新的血液。比如，當時新浪一舉獲得了華登1,600萬美元的投資；而搜狐也不甘為人後，先後獲得兩筆投資，投資額分別是600萬美元和3,000多萬美元。在之後不到兩年的時間裡，中國三大入口網站均進軍那斯達克，而投資者也因此得到了高額報酬。然而，在如此火爆的互聯網投資熱潮面前，馬雲並沒有被沖昏頭腦，在拒絕了一些投資的同時，馬雲帶著風險投資經理人出身的蔡崇信，正為阿里巴巴找尋資本而四處奔波。儘管這一年對互聯網的投資數不勝數，然而一向要求頗高的馬雲卻一直未能找到合適的東家。最後，阿里巴巴的命運轉機來自於一次非常偶然的相遇。

那時，還在哈佛讀書的蔡崇信在由美國回臺灣的飛機上，有幸結識了林小姐，由於專業相同的緣故，兩人一見如故，談得非常投機。蔡崇信從林小姐那裡得知高盛基金看中了中國的互聯網，有意在此大展拳腳，於是便向她介紹了阿里巴巴。正是兩人的這次偶然相遇，帶來了阿里巴巴的第一筆「天使基金」。

在林小姐的引薦下，高盛迅速派人對阿里巴巴進行了實地考察。不過說實話，由於之前高盛基金感興趣的一向是傳統產業，從未在高科技產業有過投資經歷，因此阿里巴巴獲得投資的勝算並不大。但輪流幾番考察下來，雙方對考察結果都比較滿意，當時馬雲和蔡崇信的心也猶如重石落地。

以高盛為主的一批投資銀行向阿里巴巴投資的500萬美元，不僅成為阿里巴巴首輪「天使基金」的來源，也成了轟動一時的特大新聞。解了燃眉之急的阿里巴巴在欣欣向榮的互聯網市場開始大展拳腳、一展鴻圖了。事後，蔡崇信在對這次的融資進行總結時說：「說實話，當時阿里巴巴對投資人的談判空間餘地比較小。雖然互聯網熱，但我們當時沒錢是個大問題，沒有資格對高盛這筆投資的條件進行討價還價。到後來第二輪融資的時候，我們手裡有了錢，談判的餘地大了很多。當時高盛的要求比我們正在談的那家投資公司的要求來得苛刻，但馬雲和我商量之後，還是決定接受高盛的錢。因為一方面它是美國有名的投資公司，可能會對我們未來在美國開拓市場有些幫助；另外高盛的規模大，規劃比較長遠。我們大概商量了十多分鐘，這個事情就這麼定下了。」

與其說蔡崇信的這一番話證明了當時阿里巴巴的艱難處境與隱忍讓步，不如說馬雲更為看重高盛這個投資品牌。他的視線集中在高盛呼風喚雨的能力，還有它極強的市場號召力上，這也是日後馬雲融資策略中的一大關鍵要素。

◆孫正義和阿里巴巴「喜結良緣」

馬雲的第二個合作對象就是孫正義，孫正義是業界鼎鼎有名的傳奇人物，在投資行業裡，孫正義的名號就好比NBA中的姚明或者麥可．喬丹。

1999年，阿里巴巴在獲得高盛的第一筆風險投資後，終於搬了新家，位址就在杭州市文三路477號華星科技大廈三樓，在此開始了創業期。歲月如梭，2000年，馬雲已帶領著阿里巴巴走過了一年，在高盛提供的肥沃土壤裡吸收著營養，快速地成長著，這一切都是悄無聲息的。

2000年，阿里巴巴的發展進入了一個全新的階段，隨著新世紀的到來，其對資本的呼聲也日益成長，此時的阿里巴巴開始著手進行第二輪融資了。因為有過一次融資的經驗，加之阿里巴巴保持了良好的發展態勢，使其具備了十足的談判資本，這一次的融資對馬雲個人而言顯得更為輕鬆與愉快。

經過幾次的考察與比較，馬雲選擇軟銀的孫正義作為自己的合作對象。提起孫正義，不能不在這裡做一些追根溯源的工作，這並不是因為孫正義有和馬雲一樣不起眼的矮小身材，而是因為他與馬雲心靈相通的智慧。孫正義出生於1957年8月11日，父母在日本九州做生意，祖父輩從韓國移民至日本當礦工，並取日本姓氏「安本」，直至孫正義高中時，全家才遷至美國北加州定居，智慧聰穎的他越級進入加州大學柏克萊分校就讀，主修經濟。馬雲曾經說過，他喜歡和聰明人打交道，而孫正義正是這麼一個人。每當他和孫正義聊天時，根本不用多說什麼，孫正義就能明白。

看來，馬雲對阿里巴巴的要求、對風險投資的要求都是一樣的嚴格，這正如他做人的秉性：但求最好。其實，對於任何創業者來說，創業初期的苛刻並非一件壞事，它有助於形成一種意識、一種文化，這也是阿里巴巴發展壯大之後，馬雲一直十分看重的一種企業文化價值觀，它對任何人都一樣有用。

馬雲的人生哲學

所有傑出的企業家都可以不眨眼地做出10多億元的投資決定，同時又會節省每一分他認為應該節省的錢。正是對錢的價值的尊重，才能讓投資發揮最大的價值。

儘管馬雲曾因數學不好兩次落榜，但是對於融資這個問題，馬雲的腦袋似乎比任何人都靈光。他清楚地知道被他人控股的後果，他也清楚知道自己控股可能出現的問題。所以，在選擇投資商的時候他格外小心。命運也如此眷顧著這個現代「拿破崙」，每次在他走投無路的時候，幸運之神都會降臨，幫助他度過資金上的難關。其實，生活中很多事情不也是這樣嗎？不經意間的流露，往往是最美麗的。生命中很多事情，歷盡千辛萬苦，四處尋找，就連鐵鞋也被踏破了，卻仍然尋不到它的蹤跡；等到忽然發現它的時候，卻可能一點也不費工夫。正因為如此，我們才不得不感嘆人生的奇妙。

7 馬雲的「資本運作論」

「資本運作」這個概念是中國大陸企業界創造的，「資本」這個詞，最原始的含義，充其量就是充當一個融資的功能，是企業經營的一部分，但不是救世主，更不能神話它，否則就會失去意義。

資本運作，又稱資本營運、資本經營，理論上的資本運作主要是指企業家們利用市場法則，通過資本本身的技巧性運作或資本的科學運動，實現價值增值、效益增長的一種經營方式。例如，發行股票、發行債券（包括可轉換公司債）、配股、增發新股、轉讓股權、派送紅股、轉增股本、股權回購（減少註冊資本），企業的合併、託管、收購、兼併、分立以及風險投資等等。說到底，資本運作的實質就是追求資本的利潤最大化，資本運作就是一種以小變大、以無生有的訣竅和手段。

資本運作不是生產製造、庫存管理、產品行銷、市場開拓、品牌創建等等這些傳統意義上的企業經營活動，而是著重於企業資產負債表右邊——資本項目的活動，比如說上市、融資、企業兼併、債務重組和MBO（目標管理）等等。說白了，資本運作就是利用資本市場，通過買賣企業和資產而賺錢的經營活動。

◆「資本運作論」的核心內容

資本不僅僅是錢，一切與企業運作相關的都是資本，如土地、設備、員工等等，資本運作的本質，可謂博大精深。如果給你100萬元，你會用這些資本做什麼呢？

也許很多人都會拿這100萬元來規劃自己的創業人生，但究竟怎樣才能運用好這100萬，是一個實實在在的大問題。每個企業都有自己的特點和營運模式，在有些公司裡，老闆就是頂梁柱，是唯一的決策者，這通常見於剛建立或剛發展起來的單位；還有些是合夥公司，其中有利益關係和情意關係，管理也不是很明確。因此，它們內部的資本運作自然也不大相同。排除各個管理者之間的分歧不說，市場也是捉摸不透的，在某個特定時期，資本並不完全起決定性作用。

匯源果汁在不久前推出了子品牌——奇異王果，子品牌的推出需要廣告費、推廣費，對於細分市場有好處，即使品牌失敗也有挽救餘地。雖然新東方老闆俞洪敏認為匯源不應該發展子品牌，但匯源的行動證明了可以用資本去開拓市場和改變品牌策略、開發新產品。另外，資本運作除了包括企業併購和整合外，還包括通過上市融資（註：上市融資其實也是零賣企業股權）和出售企業以及資產從而獲利的活動。

馬雲說的「要在企業最好的時候去融資，而不是等到沒有資本的時候去融資」，正是這個道理，企業管理者始終想的是如何做好企業，從產品到服務，不斷提高才能基業長青。馬雲在《贏在中國》中也說過：不要為資本服務，資本是為你服務的。這句話很有意義，沒有哪個人創業不是為了贏取利潤，但要明白獲利只是目的，實際做的是過程，過程就是做管理、做開發、做行銷。所以，運用好資本的重要性大於拚命去追求資本利益。

◆最優秀的模式往往是最簡單的東西

在資本運作策略方面，馬雲深信一些簡單的邏輯。首先，他不像亞馬遜和8848那樣在資訊流、物流和資金流幾個方面全線出擊。他始終認為，電子商務的特質就是資訊流的整合，「中國沒有沃爾瑪，沒有完善的配送體系，在中國三線作戰只能增加成本」。2001年，互聯網冬天到來的時候，阿里巴巴簡約純粹的模式成了它過冬的棉衣，同時，也證明了馬雲簡單模式的正確性。其次，馬雲堅定地選擇中小企業而放棄大企業，對此他有個經典的比喻：「聽說過捕龍蝦發財的，沒聽說過捕鯨發財的。」

但是，最簡單的東西往往是我們最不容易做到的，甚至是不屑於去做的，當我們忙於尋找所謂最高級的商業模式的時候，卻沒有發現最有價值的東西正悄悄地從我們身邊溜走。

「有時我甚至覺得我們之所以不成功的很大原因，是我們知道的所謂創意和技巧太多，總想一下子找到捷徑，但是成功是沒有任何捷徑的。」馬雲如是說。

馬雲的人生哲學

一個優秀的創業項目是做好而不是做大，更需要注重項目細節的可執行性。作為個人，也是如此。錢，應當是修身齊家治國平天下的工具。所以，應學會用錢，而不是怎麼掙錢。

8 上市只是個加油站

2007年11月6日，阿里巴巴第一次在香港聯交所創業板掛牌，股票代碼為“1688HK”，這是馬雲一直沒有告知眾人開門密語的一道未啟之門。阿里巴巴的開盤價為30港元，較發行價13.5港元上漲了122%。第一天，阿里巴巴的股價就翻了近三倍，融資將近267億港元。阿里巴巴上市後，已經有好幾項紀錄可以載入香港聯交所史冊，如近年來香港聯交所上市融資額的最高紀錄、香港歷史上IPO認購凍結資金額的最高紀錄、香港歷史上首日上市飆升幅度的最高紀錄等等。此外，阿里巴巴還是全球範圍內自2004年Google上市以來IPO融資額最高的科技股，與Google的融資額不相上下。

馬雲作為阿里巴巴集團的掌門人當然意氣風發，八年的創業後，阿里巴巴終於成為中國市值最高的互聯網公司，除了阿里巴巴B2B業務上市，旗下的淘寶等業務也被外界看好，成為下一個可能上市的子公司。然而，與此前國內幾家互聯網公司如惠聰、騰訊、百度的先後上市過程相比，阿里巴巴在讓人們驚嘆的同時，也不免令人心生多重疑惑和猜測，而這也同樣代表著阿里巴巴上市的諸多未知數。

◆阿里巴巴上市不為圈錢而是為國際化

2007年是馬雲最緊張的一年，因為在這一年，阿里巴巴集團B2B子公司在香港聯交所正式掛牌上市。第一天登陸港股，發行價13.5港元，而收盤價卻為39.5港元，股價翻了近三倍，成為香港上市公司上市首日漲幅最高的「新股王」，創造了香港七年以來科技網路股神話。按收盤價估算，阿里巴巴市值約280億美元，是中國互聯網首家市值超過200億美元的公司，市值為三大門戶和盛大、攜程市值之和。

股市趨勢如此被看好，但在馬雲看來，2007年並不是股市的繁榮時期。繁榮就像一個生態系統，如果企業是一個人，那麼環境是春夏秋冬，如果夏天的繁榮持續的時間很長，那就意味著冬天很快來臨。而阿里巴巴上市融資，就是為過冬做準備。

2000年曾經發生過一次互聯網的危機，已經度過一個冬天的馬雲這次有了先見之明。早在2006年時，他就已經感覺到冬天將要再次來臨，而且會持續很長時間，所以，為了過冬，阿里巴巴準備上市了。

在馬雲看來，上市只是一個加油的過程而不是目的，為了走更遠的路，需要為企業儲備能量。不過，馬雲也十分清楚：「加油前，最好先衡量一下車上的貨好不好，能不能賣出去並賺回油錢。不能為了融錢而上市，這樣一來，你第一步就走錯了。」阿里巴巴對上市有著自己長遠的目標，穩紮穩打，一步一個腳印。「我不看重股價是多少，公司市值是多少。阿里巴巴還是個小公司，未來的路還很長，上市只是個加油站，阿里巴巴要做持續發展一百零二年的公司，還有九十四年的發展時間，還要一如既往地發展中國的電子商務。」馬雲稱阿里巴巴有一流的投資組合，當阿里巴巴打進那斯達克的時候，將是亞洲第一，現在離這一目標還很遠。

在中國互聯網發展的第十二年，阿里巴巴也進入了第八個年頭，在其成長過程中，看到了繁榮，也目睹了泡沫。作為阿里巴巴的創立者，馬雲是有先見之明的。2001年馬雲就說過，在天時、地利、人和都不占優勢的情況下上市，無異於以卵擊石。阿里巴巴的上市是企業發展的自然結果，而絕非為了融資。

馬雲說：「如果有需要我們還可以融更多錢，但是創辦一家偉大公司真的比上市更重要。上市所收到的積極效果，尤其是收盤價說明阿里巴巴的發行價並不高，不存在外界所評論的『泡沫說』，阿里巴巴是個有價值的公司。」在之後受到風險資金熱捧之際，馬雲依然堅持：做企業，要以最小投入獲得最大收益，而不是比誰會花錢。鉅額融資不是為了上市，8,200萬美元的融資將用來強化公司在B2B領域的絕對領先地位，並進一步加強公司的銷售和分銷網絡。

◆少一些概念，多一些獲利

就在Web 2.0漫天飄過之後，上市的卻是幾個與Web 2.0新業務沒太多關聯的網站，從完美時空、征途、金山到阿里巴巴，沒有太多過「懸」的概念，基本都是「老」業務結果。

其實，如果認真分析將會發現，這些沒有什麼上市概念的網站紛紛修成正果，所擁有的共同點就是：經歷了多年的刻苦營運。大家都十分熟知的太平洋網絡，正是這樣一個做了多年入口網站的公司。如今，獲利成了企業的根本，只要能合理合法賺錢，不愁沒有未來。馬雲說上市只是個加油站，就是這個道理。由此可見，企業的目標是獲利，而不是晝思夜想要上市。

是的，阿里巴巴絕對不缺錢，它真正缺的或許只是另一種發展模式，而上市是最好也是最理智的選擇。當國外一個個新概念受到追捧時，我們光顧著複製概念，卻忘了關注概念背後的模式變革。

所以，在如今激烈的市場競爭中，中國的互聯網是現實的，如果概念與獲利不可兼得，多一點獲利少一點概念，才是真理。只有如此，投資者才會在你需要錢的時候不斷地給予支援。最終決定企業命運的是企業的獲利能力，而不是概念。正如鄧小平所說的「白貓黑貓，捉到老鼠就是好貓」，概念只是為了讓貓能抓耗子的餌料罷了。

馬雲的人生哲學

沒有上市，對手不知自己的底細，這是阿里巴巴的競爭力之一。

「繁榮時期最主要的工作，是準備冬天的來臨，夏天需要少運動，多思考，但無論冬天還是夏天，都需要冷靜。」

「當然我一直這麼覺得，你有多少能力便能管多少錢，阿里巴巴一開始只不過是從500萬美元起步，我們需要一步一步地發展。」馬雲的這一段話，道出了他上市的真正目的。

第八章　競爭哲學
——智慧取勝，笑傲江湖

我一直認為競爭是一個甜點，你不能把競爭當主菜去做。往往是競爭越多，你的市場才能做得越大。如果你天天想辦法搞垮競爭對手的話，你就變成了一個職業殺手，最後都不知道自己在幹什麼。

——馬雲

商場上的競爭是不可避免的，在馬雲看來，想在激烈的競爭中勝出，一要「靈活、快速反應、創新」；二要「與眾不同」。因為造就一個優秀的企業，並不是要打敗所有的對手，而是形成自身獨特的競爭力優勢，建立自己的團隊、機制、文化，這才是企業立於不敗之地的根本。這就是馬雲，不把競爭者當榜樣，而是選擇優秀的競爭者做標準。他包容對手，尊重競爭對手，因為他知道，只有競爭才可以提升；只有包容和尊重你的對手，你才能戰勝對手。

1 競爭是件快樂的事

從古到今，競爭都是一個無法逃避的問題。在人生的道路上，競爭誰都會碰到。從學校裡的模擬考試、畢業後的人才招聘，到企業的招投標、學術和藝術的價值激盪……都讓人真切地感覺到競爭的壓力和魅力。

許多人都認為，競爭是殘酷的，是讓人痛苦的，現代社會中緊張激烈的競爭，使人們早早便失去了燦爛的笑臉和快樂的心境。然而，阿里巴巴的總裁馬雲卻說：競爭是最快樂的事。

◆競爭是一件快樂的事

自從馬雲創立阿里巴巴網站以來，就一直面臨著激烈的競爭。阿里巴巴曾經和某家公司一直處於「對峙」的局面，而且對方還是一家實力雄厚的公司。有一次，馬雲應邀出席亞洲互聯網大會，並有幸被主辦方邀請成為大會主題發言人之一，巧的是，競爭對手的老總也是主題發言者之一。不過後來，那位老總卻發現，自己能夠成為發言人之一完全是依靠5萬美元，而馬雲卻分文沒花。他很不服氣，便找到組委會質問其原因，組委會這樣回答道：「因為你的發言是你自己要求的，而馬雲的演講卻是觀眾要求的。」這個老總聽了當然非常生氣，便說道：「我把我的私人遊艇開到香港，並邀請所有的演講者上去玩賞，但是唯獨馬雲不能上去。」後來，這話傳到了馬雲的耳朵裡，他不但不生氣，反而覺得特別高興，並自認為自己的態度是一種胸懷寬廣的表現。因為馬雲明白，如果你不能包容對手，就一定會被他打敗。因為這件事，馬雲也摸清了對手的性格特點，他認為對手的下場很可能會像三國時期的周瑜一樣，雖然頗有才華，但最終卻被自己氣死。

作為一個擁有無數員工的大企業家，馬雲能有此番見識，既是他個人修養的累積，更是他領導才能的體現，真不愧是企業家當中的傑出代表。他曾說過一句話：「即使看著競爭者滿臉怒火，我也不會生氣。心中無敵，才能無敵於天下。競爭是讓別人痛苦、自己快樂的事情，如果你比他更痛苦，那就違背了初衷。」

競爭，最主要的社會功能是在人群中產生雙向互動，它以一種特有的方式增進人們相互參與、相互提升的慾望和心情。在競爭當中，人們的體力、智力、思想以及智慧都會得到最有力的激發，情緒也會因此而變得飽滿緊張，同時內心克服失敗、追求成功的願望也更為強烈，活動興趣和毅力大增，最終使個人技藝在短時間內迅速提升到某個高度。因此，競爭是讓人們感到快樂的事情，它能使人們體驗到前所未有的自豪和快樂。與其說，競爭是人們作為社會主體的責任，倒不如說競爭更促進了人類在社會中的主導地位。

◆快樂參與競爭，企業才能健康發展

有不少企業家特別害怕競爭，希望自己的企業能夠壟斷市場，打敗所有已經出現和潛藏著的競爭者。但馬雲卻告訴人們：「競爭是最快樂的事情……碰上競爭對手後，我不會因為所謂的鬥爭感到疲憊；相反，我會在其中找到樂趣。」這句話點醒了許多夢中人。

馬雲是一個高瞻遠矚的戰略家，也是一個進退有據的指揮者，不管是進攻還是防守，每一場仗都打得相當漂亮，可謂得心應手。比如，阿里巴巴網站在中國電子行業的迅速崛起，還有淘寶對於易趣的成功狙擊，都充分體現了馬雲猛烈的攻擊性。阿里巴巴創辦時，中國的互聯網才剛剛起步，當時能和它相抗衡的企業幾乎沒有，用馬雲的話來說就是「阿里巴巴孤獨了五年」。不過在之後的幾年裡，隨著中國電子商務行業的迅速發展，阿里巴巴網站也遇到過不少實力型的競爭對手，但很多對手只是一味地模仿阿里巴巴，模仿了這個又漏掉了那個，他們並不知道馬雲究竟想做什麼。而馬雲的做法卻恰恰相反，他在選擇競爭對手之前，會看看他們在幹什麼，然後在前方等著，蓄勢待發與對手一戰。此時，競爭對於馬雲來說，便成了輕而易舉的事，只等享受競爭的快樂與成功的喜悅了。

經歷了大大小小的競爭之後，馬雲總結出了這樣一個經驗：當有競爭者向你挑戰的時候，首先要在第一時間做出判斷：他是一個優秀的競爭者，還是一個流氓競爭者？如果是後者就最好放棄，因為在企業與企業之間的競爭當中，人們應該將自己的實力用在值得競爭的方面。只有當你確定競爭者是前者時，才值得拚上所有力氣一搏。此外，自己還要試著去尋找競爭對手，當別人還沒有發現你的威脅性時，你就已經盯上他，這就讓自己掌握了出擊的主動權。

收購雅虎中國的戰略決策，是阿里巴巴令人矚目的一件事情，通常這樣的決定對於一個企業來說是重大的，對於領導人來說更是至關重要。但馬雲卻沒有絲毫壓力，他這樣說道：「阿里巴巴在很早的時候就已經做足了心理準備，雖然我們也知道後面還有更加艱難的事情等著我們去做，但在整合的過程當中我覺得非常快樂。對一個企業家來說，沒有什麼比挑戰更具有魅力！」除此之外，馬雲還像一位老朋友似的忠告大家：「在競爭的時候不能帶有情緒，要發自內心地感受快樂。」

馬雲的人生哲學

馬雲告訴了人們一個全新的理念：競爭是快樂的！

競爭是人們必須正視的一件事，是一件值得開心的事，因為有競爭說明有市場，如果沒有競爭就不會有社會的進步，企業更不可能有長遠的發展，甚至還會走下坡。領導者一定要明白：競爭不是企業生存的目的，創造財富才是企業的目標。

2 潛心修練，成就「金剛不壞之身」

在各種武俠小說中，最令人著迷、也最令人難忘的，恐怕就是主人翁們的大俠風範了，他們往往苦心修練多年，成就了一身打遍天下無敵手的功夫，並最終在武林中樹立了威信和地位。其實，商場中的較量就如同一場不見刀光劍影、只有唇槍舌劍的武林大會，企業家們就如同武俠小說中的主人翁，為了成就「金剛不壞之身」，人人都想方設法地讓自己的修為達到至高境界，成為企業界中的霸主。那麼，在大經濟環境不容樂觀的嚴峻形勢下，企業家們如何修練才能達到最終目的呢？這已成為商界的重要主題和關注對象。

◆廢掉武功，重新修練

馬雲是一個不折不扣的金庸迷，他對武俠的癡迷已經到了令人瞠目結舌的地步。在阿里巴巴的杭州總部裡，到處都瀰漫著武俠的氣息，彷彿一個「武俠夢工廠」，金庸大俠筆下的名字充斥其中：會議室是「光明頂」，核心技術研究項目組是「達摩院」，阿里巴巴的五個子公司阿里巴巴（以B2B業務為主）、淘寶網、支付寶、阿里軟件、中國雅虎合稱「達摩五指」等等。這一切，當然來自馬雲的創意。

由於癡迷武俠，馬雲在企業管理的過程中，也經常會使用一些武術招數去處理問題，武俠名詞不斷從他嘴裡蹦出。甚至可以毫不誇張地說，阿里巴巴的企業文化就是在馬雲的武俠理念上架構而成的。而阿里巴巴因為有了馬雲這樣的「武俠精神」，在商場上也「幾乎可以防禦任何潛在與現實的競爭對手的入侵」。

馬雲從一開始創立阿里巴巴網站時，就發出豪言壯語，要把阿里巴巴做成「世界排名前三名的互聯網公司」，建構成全球電子商務王國。2007年11月，阿里巴巴網站在香港上市，馬雲再一次成為萬人矚目的焦點。一個月之後，阿里巴巴的高層領導齊聚杭州，慶祝這個榮耀。然而，一向被外界公認為十分張揚的馬雲，卻出人意料地宣稱：「一年內不與媒體公開見面。」他拒絕了各種活動的邀請，開始為上市後的經營做充分準備。在之後的日子裡，馬雲將大部分的注意力都轉移到相對弱勢但又具有重要戰略意義的業務上，並全面展開阿里媽媽的廣告平臺。

2005年，發展如日中天的阿里巴巴盯上了以電子郵件為推廣平臺的雅虎中國，並對其進行了深度關注和挖掘。8月，阿里巴巴正式收購雅虎中國時，後者的經營情況十分糟糕，馬雲用了一句十分「金庸」的話來形容：「六股真氣亂走。」因為當時的雅虎中國既有美國雅虎的職業經理文化，又攙雜了後來收購的幾種企業的文化，卻獨獨缺少馬雲的特色。於是在2006年時，馬雲將相當大的精力放在雅虎中國的改造中，終於在2007年5月，將雅虎中國正式更名為中國雅虎。

馬雲也曾對外界透露過，對中國雅虎的改造過程的確十分艱難和辛苦。他認為，若只是讓中國雅虎獲利，是再簡單不過的事情，只須隨便從阿里巴巴轉移部分業務過去即可。但是，這樣一來，中國雅虎將不可能成為一流的電子行業公司，而只能成為「二流高手」，並且在阿里巴巴的家庭中也站不穩腳跟，隨時都可能被擠出局。因此，高瞻遠矚的馬雲選擇了最痛苦的一種方法——「廢掉雅虎中國的武功，重新修練」。

為了對雅虎中國進行全面改造，馬雲做出了一系列不可思議的舉動。比如，原來雅虎中國在無線簡訊領域每個月有800萬元左右的收入，另外還有約400萬元的廣告收入，但馬雲並不為這些「精妙招式」所動，反而認為這些業務與阿里巴巴講誠信的價值觀相違背。他知道，想要學到更為「上乘」的武功還有待修練。於是，他毫不猶豫地一刀砍掉了令人羨慕的利潤鏈條。在馬雲「計高一籌」的策劃下，雅虎中國進行了幾次改版，從2008年開始，中國雅虎開始在靜養之下逐步恢復元氣。對於雅虎中國的改造過程及其以後的發展，馬雲曾這樣戲稱：「去年肚子裡都是癌細胞，現在手術做完，肚子已經縫好，人還很虛弱，但癌細胞已經沒有了。先別去打仗、掙錢，先養養，練練基本功，機會有的是。」

◆達到至高境界的不二法門

那麼，若是想要潛心修練成功，到底需要具備哪些要素呢？

首先是耐心。一位行銷大師曾這樣說：在成功的道路上，你沒有耐心去等待成功，就只好用一生的耐心去面對失敗。的確，耐心是重要的美德，它可以讓人們獲得豐厚的報酬，不管做什麼事情，若是缺乏耐心，最終必然不能修成正果。就像小說中的大俠們一樣，每次閉關修練，少則一年半載，多則十年八年，這樣一個漫長的過程，當然需要有足夠的耐心。在這一點上，馬雲表現得可圈可點。

其次是眼光。要想修練成「金剛不壞之身」，眼光也是必不可少的條件之一，即你必須看準了怎樣做是正確的，才能放手一搏。試想，若是你認定了一件自認為正確而實際上錯得離譜的事情，那麼不管你有多麼真誠，事情的結果一定會背道而馳。馬雲獨到的眼光似乎已經沒有必要一再提起了，因為阿里巴巴的成功足以證明這一切。在互聯網還沒有被中國人熟識的情況下，是他看到了商機，這樣的眼光又有幾人可敵？

第三是膽量。膽量是衡量一個人是否能夠果斷做出決策而又能對後果承擔責任的一項重要指標。尤其是在不見硝煙的商場上，如果因為一時的膽怯或猶豫而錯失機會，那麼很可能永遠都無法重見天日。所以，要想抓住機會，就必須要有孤注一擲的勇氣。在別人眼裡，馬雲從頭到尾都是一個十足的「狂人」，他敢想別人不敢想的事，敢做別人不敢做的事，這份膽量足以讓他在「江湖」中稱霸。

最後是理智。不管在什麼時候，理智都是一個成功人士所必備的要素。決戰商場如同下棋，「一招不慎，滿盤皆輸」，因此保持理智、清醒的頭腦異常重要。說馬雲是一個十分理智的人，也許有人不贊同，因為從某種程度來看，馬雲就像在下一場又一場的賭注，是一個十足的賭徒。但是不要忘了，在賭的過程中，馬雲總是穩操勝券，這或許就是理智的另一種表現吧！

馬雲的人生哲學

作為一個癡迷於「武林」的企業高手，馬雲顯然懂得「修練」的重要性，沒有足夠的修練，武功就必然達不到至高境界。此外，馬雲在企業管理中的一系列措施也都表明了，他絕對是一個頭腦清醒、冷靜的企業家，他的每一次行動都是有計畫、有目的的。而這，正是「大俠」的行事風格。

團隊的戰鬥力是企業的核心

團隊，是一個企業進攻和占領市場所不可或缺的要素，也是目前最流行的一種合作方式。一個團隊的戰鬥力，不僅是企業實力的象徵，更彰顯著企業領導人的人格魅力。正所謂：什麼樣的領導帶什麼樣的兵，什麼樣的領導打什麼樣的仗。那麼，如何才能打造一支最鋒利、最具有戰鬥力的團隊呢？這對於很多企業的管理者來說，都是非常具有挑戰性的課題。

企業的領導人具有什麼樣的性格和氣質，能夠在團隊的作戰能力當中反映出來。因此，要想成為一個優秀的企業家，就必須在團隊中樹立一種威信，這種威信能夠帶領團隊衝鋒陷陣，在激烈的競爭中打出一片屬於自己的天地。可以說，企業的領導人就是企業團隊的核心和靈魂，只要正確地融入到團隊當中，不管遇到多大的困難，都能夠同心協力地扭轉乾坤，立於不敗之地！

◆企業的成就，團隊功不可沒

從創業初期的十八人，到現在的近八千名員工；從50萬元的啟動資金，到如今在香港上市，阿里巴巴近乎完美地完成了一次又一次的蛻變。一個杭州的老人對此十分好奇，他說道：「這個團隊能一如既往地保持著原來的『亢奮』和『戰鬥慾』，並且還在不斷地發展壯大，不能不說是一個奇蹟。」有人將阿里巴巴的成功歸因於其獨特的B2B模式，也有人認為是困難時期風險投資者對它的投資支撐起了整個框架……當然，這些猜想是有理有據的，不過阿里巴巴成功的決定性因素絕不是這些，而是馬雲背後那支深藏不露的團隊，及團隊那股不可抵擋的內在聚合力。

阿里巴巴之所以能夠成為中國最大的電子商務交易平臺，馬雲背後那支戰鬥力超強的工作團隊功不可沒。因為團隊成員是不是能夠相互配合，直接決定著企業能否順利地發展和壯大。《21世紀經濟報導》曾發表過一篇文章——〈阿里巴巴的妖精團隊〉，文中指出，雖然阿里巴巴的員工待遇並不是很高，在杭州也只是處於中等水準，給他們的期權也不多，甚至創業初期的「十八羅漢」，到現在也只有三分之一做到了高層。但阿里巴巴就是有這麼一股獨特的力量——員工們對職責罕見的忠誠，牽引著他們不斷地團結、奮鬥，並不斷地提高自身的戰鬥能力。

不管是遭遇互聯網冬天，還是在員工個人的資金耗竭時；也不管是處在淘寶艱苦創業時，還是重組雅虎中國面臨巨大壓力時，這個團隊都始終如一地協同作戰，各盡其職，此等聚合力的形成，馬雲的個人魅力自然功不可沒。由此，人們也能夠想像出馬雲為這支團隊付出了多少心血。難怪他曾經說過這麼一句話：「天下沒有人能挖走我的團隊。」這種自信，不是任何人都有的。

一些業內人士還透露，雖然阿里巴巴的團隊整體資歷並不高，但執行力卻是最強的。2006年，阿里巴巴伺服器機房整體在市區進行了一次大遷移，為了保證不出任何問題，當時的技術人員高效合作，配合上幾乎天衣無縫，最終安全地將其送往目的地。這個結果，不僅僅需要絕對的高技術水準，更要靠一個團隊的認真、執著與責任心。擁有如此優秀的團隊，相信馬雲在商界的道路會越走越好。

◆擁有戰鬥力，就擁有一切

作為中國最有潛力的互聯網企業，阿里巴巴身上閃耀著太多光環，關於它的未來，人們並不知道，也無法推斷，就連馬雲自己也不敢輕易判斷。不過，有一點是公認的，那就是這個往往不按套路出牌的商界傳奇人物，這個策劃了一幕幕驚心動魄場面、有著「狂人」、「瘋子」之稱的馬雲，卻訓練出了一個商界歷史上少有的「魔鬼式」團隊，正是這個團隊為阿里巴巴創造了數不盡的財富、榮譽和地位，而馬雲當之無愧地成為最好的團隊領導者！那麼，馬雲究竟是如何打造這樣一支優秀的團隊呢？從始至終，這一直都是人們津津樂道的話題。

一開始創業的時候，馬雲就制訂了一些原則，正是這些原則讓阿里巴巴一直走到了今天。

優秀的領導者：任何一個組織或團隊，都離不開一個優秀的領導者，領導者的任務是創造一個良好的工作環境，帶領大家走向成功。因為在企業的發展中，業績是需要大家合作完成的，這就要求領導者體現合作協調的管理，而不是行政管理。在這一點上，馬雲做的應該說相當到位。

夢想：創業初期，馬雲便將阿里巴巴的目標訂為「讓天下沒有難做的生意！建一家世界級的偉大企業」！這樣的豪言壯語無疑給了員工們無限希望，大大地增強了員工的信心。試想，帶著這個心情來工作，怎麼會不賣力呢？

解決矛盾的原則：如果團隊中的任何兩個人發生了矛盾，那麼必須由他們自己來解決問題，旁人不得插手。只有在雙方都認為對方無法說服自己時，才允許第三人介入。

開會原則：開會是一個解決問題、交流意見的過程，開會前應該把所要討論的內容明確傳達給每個參與者。在會議當中無論職位大小，都沒有高低之分，所有人的發言都是平等的。此外，每次會議都必須對討論的問題做出一個結果，當會議結束後，大家都必須只記住結果而忘掉爭論的過程，並且堅決執行。

對待客戶原則：對於任何企業來說，客戶都是第一位的，阿里巴巴自然也不例外，除此之外，它還奉行「簡單、可信、友好」的原則。然而，對業界及媒體的評論，則無須過多關注。

不斷學習和充電：不管做什麼事情，如果你停滯不前，別人很快就會超過你，只有不斷學習和進步，才有可能保持第一的好成績。因此，馬雲也經常教導員工，要不斷地充電，豐富自己的技能和知識。許多業內人士甚至認為，讓阿里巴巴高級管理人員繼續學習和深造，打造一個更為鋒利的團隊，是阿里巴巴未雨綢繆的第一步，更是它持續作戰的第一槍。

馬雲的人生哲學

阿里巴巴能有今天如此輝煌的成績，雖然不乏機遇的因素，但如果少了團隊的奮鬥，是不可能這麼快就達到國際水準的。因為現實生活絕不像童話那樣，叫一句「芝麻開門」，成功的大門就會向你敞開。用馬雲的話來說，國際互聯網人沒吃過的苦，我們都吃過了；他們嘗到的甜頭，我們還一點沒嘗到。

4 創新是競爭的利器

對於企業來說，自身的實力及產品的品質是生存與發展的動力，但比這些更重要的還有「競爭優勢」，一個企業只有形成了自己獨特的優勢，才能在充滿激烈競爭的商界生存和發展。而「創新」無疑是競爭優勢中的一種。創新，不僅是一個民族發展的動力，是提升企業競爭力的核心措施，還是企業長久立足的本質要求，更是企業實現跨越式發展的第一步。有了創新的能力，企業才能適應不斷變化的環境，實現自身的超越。

中國雖然是一個有著五千年歷史的文明古國，但它創新的腳步從未停止過。我國古代的「四大發明」，不僅為國家的進步起到了推動作用，還創造了世界文明史上的不朽豐碑。而新中國成立以後，「不斷創新」更是國家和民族一直遵循的口號，「兩彈一星」、「神舟飛船」、「加入世貿」、「舉辦奧運」，這些無一不是創新所帶來的輝煌成果。改革開放的政策實施以來，中國的創新能力更是源源不斷地迸發出來，各方面都得到了實質性的巨大進展。如今，中國已經走在世界尖端科技的前列，在國際上的地位也與日俱增。

◆創新是發展的動力

創新對於一個企業的重要性，就好比軍事及經濟實力對於一個國家的意義，它能夠不斷地優化與創造新的競爭優勢，使企業的技術及管理能力都上升到一個更高水準，從而使企業發展壯大。通常情況下，那些所謂的「偉大的創新」其實是非常簡單的，它們總是在不經意中光臨人們的大腦，所以，任何一個人都可能成為創新的開拓者。

馬雲第一次的創業過程其實就是一個創新的過程。1995年，馬雲開始創辦中國第一個互聯網公司——中國黃頁，但當時大部分中國人根本不知道「互聯網」為何物，因此就連註冊公司的名稱都十分困難，當時的馬雲根本也不懂電腦，未來會如何他完全無法預料。然而，這何嘗不是一種創新呢？你做不到的事情，就想辦法繞過去。在這個理論的指導下，馬雲後來又創辦了阿里巴巴網站，當時公司的技術、模式、管理和資本運作等都需要創新，但究竟該如何創新，馬雲心裡並沒有一個清晰的輪廓。

有一天，馬雲和一行人來到了萬里長城，發現長城的每塊磚上幾乎都寫著諸如「某某到此一遊」的字樣。他忽然靈機一動：這不就是中國最早的BBS嗎？於是他從中受到啟發，回去以後就開始從BBS入手。最早的阿里巴巴就是一個BBS，每個人想買或想賣的東西都可以放在網站上面，那是一個倡導「自由」的地方。那麼，如何才能將創新運用在其中呢？馬雲告訴技術人員，貼在BBS上的每一條資訊都必須經過檢查後分類，但技術人員卻認為這樣的做法違背了互聯網「自由」的精神。不過馬雲始終堅持自己的想法，最終阿里巴巴以一個全新的面貌呈現在世人的面前，並取得了巨大的成功。

其實創新是一個十分普遍和簡單的事情，但很多人卻把它想得過分複雜，甚至使之高深化和神秘化，結果自己的頭腦總是首先被這些複雜思想占據，創新的萌芽也因此被阻斷。不管怎樣，企業的「軟實力」不容小覷，它的作用絲毫不亞於「硬實力」。一個企業的領導人若想把自己的企業做大做強，就必須千方百計地致力於提升企業的創新能力。

放眼當今世界，創新能力幾乎已經成為支撐和引領社會發展的主要力量，創新不僅向世人展示了它獨一無二的競爭力量，同時也讓全世界的人們都面臨著一場嚴峻的挑戰。國家如此，企業也是如此。

◆有了創新，才會有進步

作為一個成功的企業家，馬雲當然意識到了創新的重要性，所以他曾這樣說過：我才不在乎技術好不好，我馬雲要技術創新！當然，創新並不是一夜之間就可以完成的，它需要的是堅強的毅力和耐力。

在阿里巴巴成立的最初幾年，幾乎沒有人看好馬雲，認為他的失敗早已注定。然而，這位精通英文卻從未留學國外的「土鼈」，這位自稱「什麼也不懂」的年輕小伙子，卻出人意料地用自己獨特的方式向眾人展示了一個成功的阿里巴巴，並不斷向外界人士傳遞一種信念——中國的互聯網一定要走中國的路子。

世界上沒有兩片完全相同的葉子，當然更不會存在兩個完全相同的企業家。有些企業家做事喜歡踏踏實實，一步一腳印，只要能夠獲利，通常就不會考慮去做風險投資；另外一些企業家則雄心勃勃，創業的前期就快速奔跑，等到累積了足夠的財產才開始穩健前行。在現實生活中，人們常喜歡用「龜兔賽跑」的故事來形容這兩種企業家不同的做事風格。而馬雲卻是一個例外，他不屬於其中任何一種，他從頭到尾似乎都在大膽執行著一個又一個新奇的理念，率領著自己的員工突破一個個困難，這在同行看來實在是「太過於超前大膽」的行為，也只有馬雲才有本領用極強的說服力讓你站到他這一邊。

正是有了馬雲這麼一個非常重視創新的人，才成就了阿里巴巴今天的輝煌。2007年9月，馬雲在全國區域創新發展論壇中，就「企業發展創新」這個問題進行了深入探討。在這個論壇中，馬雲對一個企業想創新應該做些什麼做了具體說明。馬雲指出，在阿里巴巴八年的艱辛歷程中，可以看出，想要有所創新，首先需要堅持自己的理想。理想是一個企業發展的目標，沒有理想，企業就失去了動力。阿里巴巴從1999年成立開始，就一直堅持「讓天下沒有難做的生意」這個強烈的使命感和偉大理想，最終實現了驚人的超越。如今，阿里巴巴旗下的員工已高達八千人左右，產品的市場占有率超過了80%，這一切成果，馬雲認為與堅持自己的理想分不開。其次是要有目標地做計畫。一個企業若想穩健發展，就必須根據自己的實力做出以後的規劃，有目標地進行擴張。如阿里巴巴提出了「要持續發展一百零二年」和「打造跨越三個世紀的世界名企」等宏偉目標，這些自然會讓企業上下員工信心倍增，眾人拾柴火焰高，企業發展也會越來越好。最後是不斷地學習。任何事物都是變化發展著的，企業必須跟上變化的腳步，才能與時俱進。

被人們稱為商界裡的「狂人」，馬雲自然有他的獨到之處，他曾這樣說過：「我最喜歡的是出手無招的人，真正有招數的人不是高手，創新就是把棍法糅合在刀法裡面，把刀法糅合在鞭法裡面。」或許，就是因為這種「創新」的思想，才讓他一路高歌，穩坐中國電子商務行業的龍頭老大吧！馬雲的創新理念，當然也深深影響著他的員工，促使他們更加努力付出。

馬雲的人生哲學

雖然馬雲的事業已經做得相當成功，但他十分謙虛地說道，他和他的員工還要不斷改造，不斷學習，只有不斷創新，阿里巴巴才能持續成長。如果沒有適時應變的能力，那麼想要做百年企業的夢想就是癡心妄想。

5 天下沒有對手能殺得了你

世界上存在兩種典型的創業者：一種是在面臨各種各樣的困難和挫折時，不能堅持和頑強抵抗，時間一長便失去了原有的鬥志和信心，感覺成功的希望越來越渺茫。於是，在失望至極的情況下自動放棄，最終的結局也自然不用說——失敗。而另一種創業者則始終都有百折不撓的決心，不到最後一刻絕不輕言放棄，直到「柳暗花明又一村」，最終成為真正的勝利者。

其實，這兩種情況都說明了一個道理，很多時候人們真正的對手不是別人，而是自己。如果自己的內心是懦弱、卑怯的，那麼失敗自然會毫不客氣地降臨在你的頭上；而倘若你能夠堅守住最後一份信念，不管多大的困難和挫折，你也會如同身臨無物之境，輕而易舉地勝出，那麼，成功自然而然地就會找上你。

◆真正的對手是自己

作為中國最大的電子商務交易平臺，阿里巴巴的發展可謂一日千里，不管是從公司的規模來看，還是從它創造的利潤來看，抑或是人們在日常生活中對它的使用週期來看，說它是中國電子行業的龍頭老大一點都不為過。不過縱然阿里巴巴的實力超群，但它作為商場上的一個企業，也面臨著一大群虎視眈眈的對手，如百度、Google、騰訊……縱然它們和阿里巴巴相比，在實力上有一定的差距，但在風雲變幻的商場當中，有時候光憑實力是站不住腳的。那麼，誰最有可能成為阿里巴巴真正的競爭對手呢？百度的搜索引擎眾所周知，幾乎每一個和網路有所接觸的人，都用過百度，在這一點上它是無與倫比的；而Google在全世界所占有的搜索市場份額也不容忽視，甚至阿里巴巴70%的收入來源所依靠的採購商們，很大一部分就是從全世界的Google搜索而來的，因此Google是否會成為阿里巴巴最大的勁敵，也是外界較為熱門的猜測話題；此外，還有頗受年輕人關注的騰訊公司，騰訊所推出的各項業務，著實讓阿里巴巴感受到巨大的壓力，它會不會成為阿里巴巴最後的對手呢？

對此，馬雲曾經說過一句十分經典的話：「最大的失敗是放棄，最大的敵人是自己，最大的對手是時間。」

馬雲的一句「最大的敵人是自己」給外界的紛紛猜測潑了一盆涼水，雖然由於各家企業在歷史、品牌、產品特色以及推廣理念等方面有所不同，市場對其認識程度也有所不同，消費者的偏好更是有著不可動搖的作用。但從總體方面來看，阿里巴巴面臨的真正對手還是自己，再確切一點說就是馬雲本人，這絕對不是妄語。有人說，阿里巴巴現在最大的問題，是將整個帝國的命運都寄託在馬雲的身上，因為幾乎所有的決策都透著馬雲的影子，但馬雲並不是一個能夠知曉未來的神仙，他只是一個凡人。或許，這才是阿里巴巴真正應該注意的問題。

著名成功學大師卡內基說過：「我想贏，我一定能贏，結果我又贏了。」馬雲就經常用這句話來提醒和勉勵自己，由此取得了一次又一次的勝利。所以，請每一個想要成功的企業家也記住這句話，並時刻用它來給自己加油打氣吧！

◆戰勝自己，才能征服世界

在非洲草原上，所有的動物都在為自己的生存而努力，每一天的清晨都是新的開始。羚羊的對手是有著「森林之王」的獅子，牠要想保命必須在賽跑中獲勝。不過，獅子也不輕鬆，假如牠沒有捕捉到最慢的羚羊，那麼牠同樣也逃不過命運的「主宰」。因此看來，即使是在動物界，不管是強者還是弱者，牠們所面臨的壓力是一樣的，要想逃避死亡的追逐，首先必須戰勝自己，稍有鬆懈，便會成為他人的美餐，絕無重來一次的機會。

其實很多成功者，都是內心信念堅定的人，正是一股信念支撐著他們度過了最難熬的時光。舉世聞名的奧運會撐竿跳冠軍布勃卡，曾先後打破撐竿跳世界紀錄三十五次，這是多麼驚人的成績！直到現在，還有兩項他所保持的世界紀錄無人能破。那麼，如此傲人的表現，他是如何做到的呢？有人曾問過他這個問題，布勃卡淡然地回答說：「很簡單，就是在每一次起跳前，我都會先將自己的心『摔』過橫杆。」原來，祕訣就在這裡，即布勃卡每一次起跳時，都告訴自己最大的對手是自己，他明白只有戰勝了自己，才會擁有強大的心靈力量。體育運動如此，商場鬥爭不是更應該如此嗎？一個只視別人為對手的人，是不可能對自己有正確認識的，更不可能達到「攻無不克，戰無不勝」的至高境界。正如馬雲所說的一句話：「把對手看得很清楚，而你自己沒往前走，這等於瞎看、白看。」

曾有「拳王」美譽的泰森曾經一度稱霸拳壇，他的手下敗將不計其數，但最終卻失敗了，打敗他的不是別人，而正是他自己。他不能戰勝自己的虛榮心，所以一次又一次的勝利，使他驕橫和放縱，最終成為一顆隕落的明星。作為一個企業家，同樣要明白真正的對手不是別人而是自己，只有戰勝了自己才能征服整個世界。因此，要時刻提醒自己、挑戰自己、戰勝自己、超越自己，這是人生當中最艱難的選擇，也是最令人敬佩的選擇。

戰勝別人非常容易，而戰勝自己難度很高。因為大多數人都有一個毛病：很容易看清楚別人的缺點，對自身的不足卻經常視而不見。在商場上，這足以致命。而馬雲正是十分清楚地認識到了這一點，才能道出切身感受：「人們經常被自己打敗，比如說放棄、不專注等。」因此，一個人想要取得成功，就要戰勝自己，而想要戰勝自己，不僅需要看清楚自身的真正實力，找出已經存在或是潛在的缺點和漏洞，還要有一種超凡的自信心，更需要不斷努力地學習和提升，這些都是一個優秀企業家不能忽略的。

馬雲的人生哲學

馬雲曾經說過一句話：天下沒有對手能殺得了你。言外之意就是說，不管自身的實力如何，別人是不可能將你打敗的，真正能打敗你的只有你自己。

究竟什麼是贏，是戰勝對手還是超越自己？相信這個問題不止一次地被人們提起過。也許兩者都是，但有一點可以肯定的是，後者的份量大大超過了前者。如果一個人能夠做到超越自己，那麼他想戰勝對手也就會輕鬆許多。

6 關注對手，不如找榜樣

俗話說：同行是冤家。對於競爭對手，想必沒有幾個企業家會由衷地產生好感，即使對手真的很出色、很優秀。然而，馬雲卻是個例外，他在公眾場合多次表明：關注對手，不如將他當成榜樣。在央視的熱門節目《贏在中國》中，馬雲也曾經說過：雖然關注對手是戰略中很重要的一部分，但這並不意味著你會贏。

之所以能夠被稱為對手，說明他有一定的實力，身上有一定的閃光點，還有一些值得我們敬畏的地方。正所謂：取人之長，補己之短。每個對手都應該是學習的好榜樣。只有這樣，才能更好地完善和提高自己，讓自己也成為他人的對手。

◆看清局勢，將對手當成榜樣

在現實生活中，有很多企業家失敗於停滯不前，他們自認為足夠強大了，於是失去了學習的動力和壓力，總是躺在「唯我獨尊」的美夢當中，最終在自己編織的「謊言」中沉淪。

和英國首相布萊爾共進早餐、同美國前總統柯林頓西湖論劍……近幾年來，阿里巴巴的掌舵人馬雲經歷了一件又一件風雲大事，而更讓媒體、公眾、商界震驚的，莫過於2005年他在眾人毫無準備之下，兼併了雅虎中國；2007年11月，阿里巴巴在香港高調上市，並創下香港股市有史以來融資的最高紀錄（1,600億美元）、國內互聯網公司融資之最（17億美元）、國內最大市值互聯網公司（200億美元左右），及國內IT業上市公司最大規模造富運動等多項紀錄。導演了這幾齣很風光的「大片」後，馬雲的名聲遠播海內外，憑藉著出色的能力，他又被《亞洲金融》評為「年度最佳IPO」。面對如此優秀之人，會有榜樣和競爭對手嗎？

就這個問題，有人曾經這樣問馬雲：「在阿里巴巴成功上市以後，您將面臨的榜樣和對手是誰呢？」馬雲十分謙虛地回答道：「其實我並不喜歡特別關注競爭對手，反而更喜歡找榜樣。在我看來，有許多值得阿里巴巴學習的榜樣，如世界上最大的零售商沃爾瑪，頂尖的電子企業IBM、微軟、谷歌等。阿里巴巴上市以後還會和以前一樣，把大部分精力放在客戶和榜樣身上，只要對全國的電子商務行業有所幫助，我們勢必會全力以赴。」

你一定對馬雲幾年前的那句「用望遠鏡也找不到競爭對手」的話記憶猶新，也許當時這句話讓許多人感到不舒服，但馬雲解釋道，其實他真正的意思是：他要找的是學習榜樣而不是競爭對手，世界上有許多榜樣都值得阿里巴巴學習，為什麼要找競爭對手呢？

馬雲同時表示：「雖然是榜樣，競爭也是難免的，阿里巴巴從來不怕競爭，但是我覺得競爭的主要目的並不是為了打敗對方，也不是為了贏過對方。競爭的主要目的，是真正為中國做一個持續發展的、世界一流的搜索引擎。」

◆關注對手，不如加強管理

馬雲是一個非常理智和精明的企業家，他十分清楚在互聯網這種特殊的產業裡，資本當然很重要，但人才所發揮的作用更加關鍵，只有好的管理者才能讓員工「八仙過海，各顯神通」。

馬雲收購了雅虎中國之後，很多人都認為阿里巴巴的實力大增，是該向對手出擊的時候了。然而，馬雲卻並不這麼認為，他覺得阿里巴巴雖然有了很好的創業經驗，經濟實力也異常雄厚，但是還沒有收購過公司，尤其是像雅虎中國如此龐大規模的公司，這對他來說的確是一個不小的挑戰。

馬雲說：「雅虎與阿里巴巴合併後是一家新公司，要成為最偉大的公司還有很長的路。偉大的公司講的是法律，而不是感情。」不愧是出色的企業家，馬雲一開始就看到了前方的道路，雖然他自己也承認有時候很感性，但此時對於阿里巴巴的前途，他比誰都理智。於是，他做出了一個重大決定：在企業整合的時候也應該「整風」。

其實早在2001年互聯網冬天的時候，馬雲就曾經在阿里巴巴進行過一次全面的「整風運動」，「整風運動」不僅能統一整個公司的方向，更能對管理階層的思想做出調整，另外公司的團隊、產品和經營模式也可以得到大大的改良。除了這些基本措施之外，馬雲還不遺餘力地投資上百萬元成立了「軍政大學」，高薪請來專家，從員工中挑選出頂尖幹部並對他們進行培訓。

2005年11月，就在外界都以為阿里巴巴達到了一個階段性輝煌的時刻時，馬雲卻出人意料地再一次提出了「整風」。馬雲認為，雖然阿里巴巴已經發展成一個國際型大企業，但它畢竟還太「年輕」，再加上公司內部的員工都較為年輕，因此，企業很容易在榮譽和聚光燈底下忘記自己是誰，即通常我們所說的產生「驕傲心理」。而「整風運動」就是能讓大家保持高度清醒和冷靜頭腦的最好也是最直接的辦法。

「內部管理」對馬雲來說是第一位的，如果將「對手」和「內部管理」相比，馬雲更關注的絕對是後者。2005年年底，國內十家企業被評為「2005 CCTV中國年度最佳雇主」，馬雲旗下的阿里巴巴奪得寶座，這當然和馬雲的「整風運動」以及多年締造的企業文化是分不開的。可以說，這個獎項不僅為馬雲贏得了高分，也從側面證明馬雲的整合與整風兩大運動取得了初步性進展。

馬雲並沒有像外界想的那樣把矛頭指向競爭對手，而是選擇改造自身，這一點讓所有人都始料不及。當然，不過多地向對手發起進攻，並不代表企業沒有競爭的實力，反而說明了阿里巴巴的實力不容小覷。如果真的有對手來襲，它一定也會發起猛烈的進攻，讓對手潰不成軍。只不過，善於創造奇蹟的馬雲更希望把精力放在改造企業內部管理上面，這一層境界，相信也不是所有的企業家都能輕而易舉達到的。

馬雲的人生哲學

馬雲向所有的創業者提出了忠告：如果碰到一個強大的對手或者榜樣，我覺得你應該做的不是去向它挑戰，而是去彌補它的不足，做它做不到的，為它提供良好的服務，先求生存，再求戰略，這是商場生存的基本規律。

第九章　財富哲學

——演繹傳奇的美麗新世界

財富的本意，是幫助別人賺錢，然後才使自己賺錢。

——馬雲

馬雲對財富有著自己獨特的見解。很多登上成功寶座的創業者，無疑都是公司的最大股東。然而，馬雲卻把大部分的股份分給了阿里人，自己只擁有阿里巴巴5%的股份，這是何等的胸懷！馬雲重視財富，卻不沉迷於金錢的誘惑，他更注重的是財富的最大價值體現。

「世界上最愚蠢的人，就是自以為聰明的人；同樣，最想發財的人，往往也發不了財。」馬雲以其獨特的人生經歷，告訴大家一個重要的道理：想要發財的人，必須正確地看待金錢。

1 馬雲「財散人聚」的財富觀

一位成功人士說過：「世界上80%的喜劇跟錢沒有關係，但是80%的悲劇都跟錢有關係；一個人的快樂不是因為擁有多，而是計較少，億萬富翁也有不快樂的時候，乞丐也有快樂的時光。」而創辦阿里巴巴、淘寶網、阿里媽媽的馬雲就是一個特殊的人。回顧馬雲的創業史，他不止一次在公開演講中強調，阿里巴巴最大的財富就是阿里人，不快樂地工作就是對自己不負責任。

在馬雲看來，「財散人聚」才是一個成功企業家真正的財富觀，才是企業立於不敗之地的源泉。馬雲曾提出「三個代表」的企業策略，即客戶第一，員工第二，股東第三。這三個次序在任何情況下都不可以顛倒。他將客戶與員工的利益放在股東之上，這種經營理念讓員工與企業更團結，客戶與企業更親密。馬雲讓人們知道了：原來利益的分散只是為了更好的團結。

◆財散人聚，讓員工先富起來

雖然馬雲在談到員工報酬時，總是調侃地說：「每一個新來的員工，我都會對他說，阿里巴巴無法保證你會在這裡賺多少錢，但可以肯定的是你會在這裡得到很多的磨難與辛苦。」但是，馬雲卻用行動告訴了所有的人，企業要發展、要富強，首先必須使員工變得富強起來。

「發展為了員工，發展依靠員工，發展成果由員工共享」，這是馬雲從創業開始就一直高喊的口號。自阿里巴巴在香港上市以來，馬雲在媒體面前也不只一次提到，這次公司上市最主要的原因就是回饋員工，履行公司上市給予員工套現的承諾。他還對所有人表示：「我沒想過要用控股的方式控制公司，也不想自己一個人去控制別人。這樣，其他股東和員工才更有信心和幹勁。我需要把公司股權分散，管理和控制一家公司是靠智慧的。」

阿里巴巴上市時，大約有四千九百名員工持有總計4.435億股股份，平均每名員工持股九萬零五百股，按照之前每名員工實際持股比例計算，阿里巴巴上市將可能產生近千名百萬富翁。此前百度上市曾創造了八位億萬富翁，五十位千萬富翁，兩百四十位百萬富翁，而阿里巴巴的造富規模將超過百度，創下網路王國的財富新紀錄。

所謂「財富分享」，無疑指的就是工資、獎金、股份、福利等報酬手段，四千九百名員工是阿里巴巴的股東，也是公司的投資人，一起見證了公司的成長和發展。國際金融資深學者認為：馬雲「讓天下沒有難做的生意」，他打造的網站造就了很多中國小富翁，阿里巴巴上市又令其員工成為小富翁，他自己則只做了個「小小大富翁」，這也許就是社會主義市場經濟體制所產生的必然結果。但是不管怎麼說，馬雲的做法得到了員工一致的愛戴，正是因為他的「大愛」讓很多阿里巴巴的普通員工首先富了起來；因為他的「大愛」讓員工擰成了一根繩，緊緊地團結在一起；因為他的「大愛」讓阿里巴巴、雅虎中國、淘寶網等有了突飛猛進的發展。這些也說明了，管理好一個公司，需要的不是鐵棒，而是智慧，馬雲用自己的財富觀創造了更多的價值。

蒙牛創始人牛根生也給予了馬雲很高的評價：馬雲給員工分錢非常大手筆，「財散人聚」能力非常強。「財散人聚，財聚人散」是句經典名言，他認為馬雲是一位有出色分享能力的「領頭羊」。

自古道：得人心者得天下。馬雲將財富與所有的阿里人共享，使得部下人人都把阿里的事業當作自己的終生事業而努力奮鬥。卡內基說過：「斂財需要能力和技巧，有價值的散財也是一種能力的體現。這種能力自然首先包括對於財富的深邃識見，也只有看清了財富的本質，看淡了財富的虛榮，看準了財富與責任、道義的內在關係，才能處理好聚財與散財的關係，才能把散財當作一樁莊重的事業來做。」財散人聚，財聚人散。既然散財能聚人，為什麼不散呢？散了財，聚了人，而人才才是企業發展的根本。很明顯，馬雲懂得這個道理，他堅持「以人為本」、「財散人聚」的經營理念，從而創造出一支最為堅固的團隊，他曾自信且自豪地說：「天下不可能有人能挖走我的團隊！」

◆不做首富而造群富

據阿里巴巴有關資料顯示，馬雲在上市公司中持股比例不到5%，僅為象徵性持股。相較於中國其他幾家網路上市公司，百度董事長兼執行長李彥宏持有公司25%的股份，網易董事長兼執行長丁磊持有公司52%的股份，盛大董事長兼執行長陳天橋持有公司75%的股份，而馬雲的這些股份簡直是輕如鴻毛。這種做法出人意料，但是阿里巴巴企業中平均每名員工持有九萬零五百股，阿里巴巴B2B上市造就了堪稱中國最大的富翁群。

馬雲在談及個人股份時曾表示，賺錢是一個企業家的基本技能，但不是全部的技能。他所關心的，是自己所在的企業能為社會創造多少財富，同時又影響了多少人。「財富賦予人使命感和價值觀，這是不能討價還價的。」

馬雲最成功的就是做人做事，就如他所說的，不管做什麼事，要想做到最好，靠的只有智慧。從阿里巴巴創辦的第一天開始，他就沒想過用控股的方式控制阿里巴巴，作為一個管理者，他認為應該用智慧、胸懷、眼光來管理和領導企業。一個公司要想長期發展，在商場中占有一席之地，必須要把股權分散，只有這樣，其他股東和員工才更有信心和幹勁，因為他們會時時刻刻想著，我不是在為別人打工，而是在為自己賺錢。然而，馬雲俠客式「財散人聚」的做法，既讓員工分享了他的成功，也讓公司得到了更大的發展。雖然說每個網路公司的上市都是一次造富運動，但阿里巴巴的上市卻是一次與眾不同的造富運動。

馬雲個人在上市公司持股比例不到5%，使得公司四千九百多名員工持有阿里巴巴股票，隨著阿里巴巴的上市，造就了上百名千萬富翁，上千名百萬富翁。阿里巴巴上市為的不是把馬雲自己打造成首富，而是為了打造一支富翁團隊，馬雲在不追求個人巨富的同時，選擇了與員工共同致富。堅持團隊集體控股和公司全員持股，有福同享，有難同當，實現了個人創業和

整體發展的和諧，並充分體現了馬雲的胸懷和境界，可謂古代俠義精神的真實寫照。從中，我們也看到了一個偉大公司與一個偉大企業家的雛形。

毋庸置疑，馬雲的做法堪稱豪氣，他是運用全球化的現代企業管理機制來管理公司，相較於其他的管理方法，這種方案更有助於公司在全球網路舞臺上正常運作。據瞭解，IBM公司創辦人老沃森早在創辦時，就開始為員工提供慷慨的報酬和福利計畫，擔保終生就業，其個人股份也從未超過5%。

馬雲為阿里巴巴付出了太多的汗水，而最後他沒有因此當仁不讓地謀取最高財富作為獎賞，反而更注重於財富公平分享，和大家一起分享事業成功後的幸福。馬雲領導的阿里巴巴為何以獨特著稱？這完全取決於：共同實現創業的夢想，一起實現改變歷史的夢想，一起實現創造財富的夢想，一起實現分享財富的夢想。

馬雲的人生哲學

有人曾這樣評價他：「馬雲是一個心胸頗大且懂得感恩的人。」這點在阿里巴巴上市的關鍵時刻體現得淋漓盡致，在困難時期和馬雲一起咬牙度過難關的人都獲得了豐厚的回饋。財富能夠把人帶走，人不能帶走財富，要相信：財散人聚，財聚人散。對企業擁有者來說，散財雖然會使自己的財富越來越少，但卻得到了尊崇與快樂，從無到有，從有到無，回饋社會後的快樂才是大快樂。

2「錢太多了，我不能要。」

「錢」是人們再熟悉不過的字眼，「錢」是推動二十一世紀經濟成長的「助力器」，同時又是人們生存的必備物質基礎，自古以來就有「有錢能使鬼推磨」、「人為財死」等說法。有錢固然很好，但是錢真的能買到人們所想要的一切嗎？不能。事實證明，金錢能買到的只不過是軀殼而已，卻買不到它真正的價值和意義，所以對於金錢，絕對不能一概而論，雖說生活中沒有錢是萬萬不能，但是錢也絕對不是萬能的。

「錢太多了，我不能要」，想必聽到這句話的人都會說，說這話的人要麼是個傻子，要麼是個瘋子。殊不知，說這句話的人正是阿里巴巴的創始人馬雲。

◆金錢，並不是萬能的

什麼是金錢？它是個人財富的象徵嗎？有很多人的答案是肯定的。其實不然，金錢並不單單是個人財富的象徵，還是社會財富的象徵，它更多地體現了個人及社會的價值觀。

金錢只是一般的等價物，與它等價的是什麼？在文明社會，與（合法所得的）金錢等價的是：能力、對社會的貢獻、人品、道德、知識、智慧、文明等等。社會財富需要合理的分配，讓懂得運用的人來運用，為社會做出更大的貢獻，即資源優化配置，這才符合全社會的利益。

我們都生活在錢的世界裡，我們需要錢，因為我們需要生存。一個人可以為了錢活著，也可以因為錢而出賣周圍的一切，甚至是靈魂。其實，金錢並不是凌駕在靈魂之上的，只是有時候，你不得不向它低頭，任何人都不能離開錢而活著。

有的人為了錢，甘願出賣自己，被他人玩弄於股掌之中；也有人為了錢，不惜賠了夫人又折兵；甚至有的人為了錢，犧牲了自己最寶貴的生命。金錢就有如此的魔力讓人為它瘋狂，使人願意為它飽受折磨。

然而，事實並非總是如此，馬雲就是另外一類人的代表，他用行動告訴人們，金錢只能為人所用，而不能把人呼來喚去，翻身成為人的主人。「錢太多了，我不能要」這句人們公認的「傻話」，就是出自「商業巨人」馬雲之口。金錢是天使，給人享受生活的資本。然而，它也可能是惡魔，讓人入魔，甚至遭受地獄之苦。金錢可使一個人變得善良，也可能使他變得醜陋。在現實生活中，錢對每個人來說，都是不可缺少的一部分，沒有它，人們便無法生存。而在「巨人」馬雲的眼裡，錢固然重要，但是在公司及員工的利益面前，一切都是微不足道的。對一個企業來說，錢無疑是越多越好，人們為什麼把馬雲稱為「狂人」、「孤獨的人」、「騙子」？因為他代表的就是新世紀創業群體中的另類。

金錢讓人無奈，很多憤世嫉俗的人甚至認為過於看重錢「很俗」，然而這些「脫俗」的人卻又常常會發出感慨：金錢不是萬能的，但是沒有錢是萬萬不能的。這句話並沒有錯，在矛盾的背後是一個難以悟透的道理、難以掌握的尺度，而總結起來就是告訴人們對待金錢不可過於輕蔑，金錢發揮其商品交換的仲介功用，是人們生活的資本，金錢本身是值得頌揚的；

同時，也不可過於看重，很多時候俗的並不是金錢，而是人們自己變俗了，貪慾讓人們成為金錢的奴隸，為錢耗費了太多的精力，失去了太多的「財富」。人，必須要有正確的金錢觀、價值觀，生活不會因為疾病苦難就遠離你，也不會因為你富有而親近你。

◆對金錢的敬畏是商人的底線

在馬雲剛剛起步創業時，第一個找他合作的是一家浙江企業，這家投資商說：「我給你100萬元，明年這個時候你要還我110萬元。」馬雲聽後說他比銀行還要黑，因為那時國有企業對風險投資的意識還沒有建立起來。馬雲反問道：「你倒說說看，除了錢以外，你還能給我帶來什麼東西？」

馬雲是一個很理智的人，當時有幾個公司要給他們投資800萬美元，他一聽嚇了一跳。馬雲掌管過的錢最多也只不過200萬元人民幣而已，突然讓他管800萬美元，一時還摸不著東南西北，不知道該怎麼管這筆錢。很多人都認為錢越多越好，而馬雲卻認為，很多人犯錯誤不是因為沒有錢，而是因為有太多的錢，不知道該做什麼。網路公司這兩年就是因為錢太多了，他們必須把這些錢花出去，所以投資者發瘋，企業領導也在發瘋。

另外， 2000年，在全世界的網路弄潮兒想著法子、絞盡腦汁從投資人口袋中圈錢時，馬雲又「發瘋」了——他居然拒絕赫赫有名的全球「網路風向球」日本軟銀公司老闆孫正義的3,500萬美元，「錢太多了，我不能要」。腦子一熱，這個「瘋子」只收了2,000萬美元。雖然他的做法讓人百思不得其解，但馬雲這種對錢的尊重，更贏得了孫正義對他的信任。

對金錢懷有一種敬畏，應該是每個人處世的一個底線，更應該是商人的底線。

作為亞洲首富的孫正義從沒有聽說過阿里巴巴這個名字，但卻因馬雲幾分鐘的演講，當即決定投資於阿里巴巴。事後馬雲說：「有些人，我跟他說六個小時他也不明白我要幹什麼。孫正義只聽了六分鐘就做出決定。」的確，聰明人在一起就是能激起驚濤駭浪。在阿里巴巴還在牙牙學語時，孫正義就選擇了馬雲。他決定投資阿里巴巴的理由是：「我堅信，一切成功都是緣於一個夢想和毫無根據的自信……」

在現實生活中，我們見過這樣一群人：創業之初資金雄厚，這或許是來自父輩的遺產，或許是得到了友人的大筆資助。可他們不會把這些錢投資在有用的地方，只會盲目購置房屋、汽車，不切實際地招兵買馬，毫無根據地畫大餅，卻忘記了及時給自己充電，保持「時刻歸零」的心態。結果，幾年過去了，才發現自己並未創造任何價值，唯一改變的是把原有的積蓄花得差不多了，甚至還負債纍纍。與之相反，只有那些白手起家、草根出身的成功者，才有望收穫大發展、大興旺和大輝煌。

馬雲的人生哲學

金錢就好比是人體呼吸的氧氣，如果氧氣不足，就會頭暈目眩，甚至喪命；如果氧氣過量，又可能會中毒而亡。世上的生存法則使人不能忽略金錢。所有人都需要適量的金錢，以維持舒適、體面的生活，滿足在教育、健康和住宅等方面的基本生活需要。

但任何人追求金錢都不應超過一個限度，因為過多的金錢會使人產生貪慾，有礙人們在精神層面的發展，讓人無法探索生命的真諦。

3 小錢也是錢

如今的社會，人們不會為丟失一些小錢而悔恨，因為大家更看重大錢，小錢已微不足道，根本不值得他們為此停駐目光。其實不然，大錢是由小錢累積而來的，沒有小錢，何來大錢？

成功的人生是由一系列目標體系所組成的，只有循序漸進、從小事做起的人，才能一步一步靠近最初的夢想。所以不要小瞧小事，說不定你眼前的小事正是未來大目標的幼苗和基石，巨大的成功往往都是一系列小成功的累積。

想必二十一世紀的年輕人都不願意聽「先做小事，賺小錢」的言論，因為人人都是雄心萬丈，一心想著踏入社會做大事，賺大錢。

雖然「做大事，賺大錢」的志向並沒什麼錯，人一旦有了目標、志向，就可以不斷地向前奮進。但是，在「優勝劣汰，適者生存」的殘酷環境中，真正能實現「做大事，賺大錢」的志向的人卻屈指可數。

◆先賺小錢，後賺大錢

2002年4月，正值互聯網的寒冬，馬雲對外宣稱：「2002年，阿里巴巴要獲利1元；2003年，要獲利1億元人民幣；而2004年，每天利潤100萬元。」馬雲之所以這麼說，是因為阿里巴巴已經找到了自己的獲利模式。

接著，阿里巴巴便提供了具體的數據。數據顯示，除了付費的中國供應商和誠信通會員，阿里巴巴上面還有免費的海外商戶一千萬家，中國商戶四百八十萬家；2001年通過阿里巴巴出口的產品總值為100億美元，其中有不少企業出口額超過千萬美元。

2002年，正在為阿里巴巴探路的馬雲說：「當這麼多人都能通過阿里巴巴賺錢時，阿里巴巴也應該賺些小錢。」賺小錢的策略對於一個偉大的公司來說，無疑是開拓了一條「小錢辦大事，零錢辦整事，暫時沒錢也能辦好事」的融資融物的最佳途徑。至於阿里巴巴是否會通過賺小錢的途徑上市，進而去融資融物來賺取更多的「大錢」，直到2004年馬雲才給了外界一個明確的答案：「阿里巴巴至少得將年利潤做到10億元才會上市。」

正如：天下財富遍地流，看你敢求不敢求。金錢多麼誘人啊！但要賺大錢一定要敢於行動，不「做」就等於零！如今阿里巴巴已登上了《富比士》前三十位的寶座，其未來不可估量，而阿里人所擁有的一切，和「賺小錢」的理念是密不可分的。因為馬雲懂得，只有先賺小錢，才能後賺大錢。如果沒有小錢的累積，怎麼會有大錢的誕生？

不管任何時候，不願過「單調無意義的生活」，想過「更充實更華麗的生活」，這種念頭才是引導你賺錢的最佳動機。一個能賺大錢的人腦海裡經常會呈現這種想法：就算今晚會下暴雨、颳颶風，也要游到對岸去。馬雲就是這樣，如今成功了，他創辦了一個偉大的公司，締造了一個網路帝國的傳奇。

汽車大王福特曾說：「一個人若因為有很大成就就止步

不前，那麼他的失敗就在眼前。有許多人，剛開始時掙扎奮鬥，不怕犧牲，不怕流汗，歷經艱辛之後，終於使前途稍露曙光，於是開始自鳴得意，開始怠惰、鬆懈，於是，失敗立刻追蹤而至。跌倒後再也爬不起來。」「只要安穩地過一輩子就好了」、「只要過得去就好」、「不必賺太多的錢」，假如你被這些念頭占據，你可能一輩子都賺不了大錢。

賺錢即是如此，在賺得小錢的同時，「使自己更上一層樓」的想法會使你賺到更多的錢。

◆賺大錢還是賺小錢？

在2003年淘寶網成立之初，馬雲拿到的啟動資金為1億元，隨後在2004年，馬雲又向其追加了3.5億元。接著2005年，馬雲再次投入最大的一筆。三年下來，馬雲已向淘寶網累計投資了14.5億元人民幣。而這些完全是對阿里巴巴模式的複製，阿里巴巴在收費之前，也經歷了長達三年的免費期。

針對「免費」一事，馬雲表示：「那時候，阿里巴巴是花投資者的錢，心裡只有對美好未來的信心；淘寶現在燒的錢一部分來自阿里巴巴的獲利，另一部分也來自投資者，同樣基於對未來的信心，因為阿里巴巴就是一個榜樣。」他還說道：「淘寶還會繼續堅持免費的原則，現在還不是收小錢的時候，還是跑馬圈地的時候，阿里巴巴不急。」在馬雲的理財觀念中，他認為無論是大錢還是小錢，賺到自己手裡的才是錢。

有一位偉人也曾說：「小錢賺大錢。」確實如此，要是按照數量來決定出場順序的話，無疑大錢是排在最前面的，但在很多時候，大錢只是看起來光鮮亮麗，實質上卻往往不盡如人意。而馬雲寧願先抓住有把握的，然後再看數量，雖然看起來沒有什麼大志向，但錢是由少積多的，不要小瞧「小」的力量，「滴水還能穿石」，更何況是人！賺大錢還是賺小錢？馬雲的創業經歷給出了最好的答案：管他大錢還是小錢，只有賺到自己手裡的才是錢，正所謂「小錢也是錢」。

而事實上，有很多「賺大錢，做大事」的人，並不是一踏入社會就取得了輝煌的成績。綜觀古今，有哪一個將軍不是從士兵當起？有哪一個政治家不是從小職員做起？有哪一個成功的企業家不是從夥計幹起？因此，想成為一個「賺大錢」的人，千萬不要不屑於「做小事，賺小錢」，要知道一個連小事都做不好、小錢都不願意賺或是賺不來的人，又怎能讓別人相信你能成就大事，賺大錢？如果一味地好高騖遠，捨棄細小而直達廣大，跳過近前而直達遠方，不經過程而直奔終點，那麼，你離失敗只有一步只差，而離成功卻是千里之遙，你將永遠與財富擦肩而過。

馬雲的人生哲學

俗話說：「小錢賺大錢。」而事實也證明了這一道理：大錢是從小錢一點一點累積起來的。想賺錢就得吃苦，想賺大錢就得吃大苦，這是一個千真萬確、顛撲不破的真理。自古英雄多磨難，紈袴子弟少偉男。賺錢其實是一件很容易的事，每個人都會賺錢，只是賺錢的方法不同而已。

每個人都想著賺大錢，成大事，從未有人說過賺大錢，做小事，殊不知，聚沙成塔，小錢也能致富。也許你正在徬徨，也許你正在為自己樹立目標，也許你正在征途中，你不妨換個理念，其實「小錢也是錢」，賺小錢也是不容忽視的重要環節。

4 馬雲的「懶人」賺錢法則

成功靠的是什麼？企業家如何才能產生新奇的思維？靠頭腦的智慧還是辛勤的汗水？靠誤打誤撞還是腳踏實地？相信所有的人都會不假思索地選擇後者。是的，勤勞是取得成功必備的要素，那些不想付出的人永遠不可能創造輝煌。然而，馬雲卻徹底地推翻了這個觀點。馬雲的答案是如此出人意料：懶。

有一本書曾讓馬雲受益匪淺，這本書的名字叫作《如何掌控自己的時間和生活》，它是另一位大名鼎鼎的懶人——美國前總統柯林頓向馬雲大力推薦的。通過這本書，柯林頓掌握了如何安排時間的技巧，馬雲同樣學到了如何將懶發揮到極致的重要訣竅。

◆世界是由懶人撐起來的

阿里巴巴在收購雅虎中國之後，馬雲給雅虎的員工所上的第一堂課就是做一場演講，這場演講新意出奇，聲名遠播，它就是圍繞著「懶」展開的。一開始，馬雲就說了一個與常理違背的觀點，他認為之所以有那麼多聰明且受過高等教育的人最終沒有取得成功，是因為他們從小就受到了家長和老師錯誤的教育，養成了「勤勞的惡習」。甚至還說愛迪生十分有名的「天才就是99%的汗水加上1%的靈感」這句話大錯特錯，無數人都被這句話誤導了，結果一生碌碌無為。更加讓人不可思議的是，馬雲說愛迪生是因為懶得總結他成功的原因，才編出了這句話來誤導大家。

為了證明自己不是在胡說八道，馬雲還舉了大量實例，他相信事實勝於雄辯。比如說人們所熟知的世界首富比爾·蓋茲，他中途退出哈佛大學是因為懶於讀書，和大多數人認為出於創業激情相差甚遠。後來，他又懶得去記那些複雜的Dos指令，於是又編寫出了一系列圖形的介面程式，於是電腦開始在全球風靡，而他也坐到世界首富的位置上。

還有世界上最暢銷的飲料品牌——可口可樂的老闆更加懶，儘管中國的茶文化有著幾千年的悠久歷史，而巴西的咖啡也是香味濃郁，可他都懶得去研究，只是弄了點糖精加上涼水，裝瓶就賣。而現在，幾乎全世界的人都在飲用。馬雲實在不愧是一大狂人，在他眼裡可口可樂只是「糖精加涼水」，其複雜獨特的配方完全被忽略，雖然從說法上多多少少有違常理，不過狂人出狂語，又有幾個人會在乎呢？

此外，麥當勞也沒能逃過他的調侃，麥當勞的老闆被馬雲判定為懶得出奇，他不去學習法國菜的精美，更不會研究中餐的複雜，只是弄了兩片麵包夾一些牛肉，但卻賣到了國際市場，全世界處處都能看到那個“M”的標誌。同樣地，味道有些古怪被人們稱為披薩的食物，它的老闆更是懶得把餡餅的餡裝進去，直接撒在餅面上就賣，可它的價格卻比餡餅貴了十倍以上。

就連運動場上的羅納度，在馬雲眼裡也是一個十足的懶人，因為他在場上動都懶得動，只等到球來到面前時踢上一腳，可即使這樣，他卻依然是全世界身價最高的運動員，還被一批球迷愛得死去活來。此外，發明電梯的人是因為懶得爬樓梯，發明交通工具的人是因為懶得走路，發明數學公式的人是因為懶得每次都埋頭苦算，發明唱片的人則是因為懶得去聽音樂會……總之，這樣的例子似乎在馬雲那裡層出不窮，隨便一個他都能輕易地拉到「懶」字上面去，不過他說，他已經懶得再說了。

◆馬雲的「懶人」哲學

許多成功人士就是以「懶惰」取勝的。據說蒸汽機剛剛發明的時候，各種技術都並不發達，運行起來顯得特別笨重，而且釋放的廢氣必須要由人工來排放，不然就有爆炸的危險。有個小孩十分貪玩，不想每時每刻都守在蒸汽機旁邊等待氣體排放。於是經過了苦思冥想之後，他想出了一個辦法：給蒸汽機安了個小機關。一旦蒸汽機裡面的氣體過剩，這個機關可以自動將其排出，給人們省了不少時間。

一些專門從事螞蟻研究的專家說，在每個辛勤忙碌的螞蟻群落中，總是有幾個無所事事、只會下命令的螞蟻。不過，它們絕對不是剝削者和寄生蟲，而是專門制訂策略和指揮的領軍人物，只有保證它們的存在，蟻群才能正常地生存與發展。螞蟻專家曾經做過一個試驗，他們將這些所謂的懶螞蟻拿走，結果蟻群中馬上就產生了新的「懶螞蟻」，否則螞蟻們就有可能莫辨東西，最終死亡。細想一下，其實企業家和懶螞蟻有很多相似之處，他們同樣都是不屑於雜務而長於辨別方向和指揮。一個企業若是缺少了運籌帷幄的領導，那麼和一支軍隊少了將領又有什麼區別呢？

在馬雲看來，這個世界就是由懶人支撐起來的，如果在一個公司裡，那些從早忙到晚，甚至連吃飯時間都沒有的人，一定是工資最低的人；反倒是那些每天遊手好閒、沒事就發呆的傢伙，卻是公司主要的領導和策劃者，很可能手中還握有不少公司的股票。不過，他們的懶是為了思考有關企業發展的大政方針，為企業尋找更好的出路，為做出更好的決策和謀劃在蓄積力量。

其實細品一下馬雲的話，其中還是有幾分道理的，人類社會之所以進步，就是因為總有一些人想方設法讓人類的生活越來越舒適，這種思維確實和「懶」有著異曲同工之妙。如果沒有懶人，人們會生活在一個極其落後、淩亂不堪的社會裡；如果沒有懶人，或許今天我們還要用機器語言編寫程式；如果沒有懶人，火車和汽車的發明可能要推後幾百年，科技更不會像今天這樣發達。總之，是「懶」讓社會發展，是「懶」讓生活輕鬆許多，也是「懶」讓人與人之間的距離拉近了許多。這種「懶」，難道不值得所有人學習嗎？

馬雲的人生哲學

阿里巴巴在商界創造了一個又一個令人咋舌的神話，而馬雲也絕對是一個「語不驚人死不休」的奇人，他的「懶人論」堪稱「狂語」。如果你也想成功，不妨向馬雲多取一些「懶人經」。不過，馬雲所說的「懶」並不是傻懶，而是懶出方法，懶出風格，懶出境界，更要懶出新意。如果你只是一味地傻懶，只會讓自己更加墮落。

5 經歷才是人生最寶貴的財富

對每個人來說，人生的每一種經歷都是很重要的。生活中的點點滴滴都是人生最大的財富。

馬雲說：「我眼中的財富並不只是金錢，朋友、誠信、經歷才是世界上最大的財富。」的確，經歷是人生最寶貴的財富。對世人而言，什麼都可以複製，但只有經歷是無法複製的，這才是我們的核心競爭力。時勢造英雄，人生猶如一個五彩紛呈的大舞臺。二十一世紀是一個充滿夢想的時代，誰都可以擁有自己的夢想，誰都可能實現自己的夢想，當然，你也不例外。

◆最大的財富是經歷過許多失敗

馬雲說：「財富不在於你擁有了多少，而在於你做了什麼，歷練了什麼！」對於一個偉大的公司來說，經歷挫折與失敗是企業家終生進步的階梯，也是永不滿足的表現、不斷進取的不竭動力，更是走向階段性成功的必經之路。

人們常說失敗是成功之母，也有人說成功乃失敗之母。而在馬雲的價值觀裡卻有些不同，他始終認為：「大千世界沒有永遠的成功，只有相對的失敗；成功是不正常的，失敗才是正常的。」面臨成功他如臨深淵、如履薄冰。別人都渴望成功而害怕失敗，唯獨馬雲恐懼成功，這個「怪人」真是讓人難以捉摸。

1999年，馬雲以50萬元人民幣起家，而這時中國互聯網先鋒瀛海威已經創辦了三年。瀛海威採用美國「美國線上」的收費上網模式。馬雲卻反其道而行，採用的是免費策略，即對買家和賣家都免費，以此來建立阿里巴巴的用戶基礎。後來馬雲用一個婦孺皆知的龜兔賽跑故事來形容自己：必須比兔子跑得快，但又要比烏龜更有耐心。

正當互聯網在全國掀起熱潮、大批網路公司大舉北上時，馬雲卻帶著幾個難兄難弟撤回了杭州。正因為這一決定，他們躲過了巨大的網路金融風暴，後來馬雲感慨道：「如果當初在北京就慘了，別人悲哀我也跟著悲哀，因為那個時候，不止亞洲，還有美洲、歐洲都是一個樣子。」無疑，馬雲是幸運的，他之所以從北京回到故鄉，是因為他看清了「北京是一個很浮躁的地方，不適合做事」。當時，馬雲只是想電子商務的主要聚集地不應靠近資訊中心，而應靠近企業中心，沒有想到這一決定讓阿里巴巴躲過了一場血雨腥風。

回到杭州後，他們沒有辦公室，馬雲只好把辦公室設在家裡，並安置了一個睡袋，誰要是瞌睡了，就鑽進去睡一會兒，當時每月的工資也只有500元。有的人不甘心留在這裡吃苦，他們看不到阿里巴巴的希望在哪裡，於是選擇了離開創業組另謀出路。1999年正是網路事業最黑暗的階段，誰都看不清未來的路究竟在哪兒。與馬雲並肩作戰的人越來越少，然而馬雲就這樣堅持著，等待著黎明的到來，然後一步步建造起自己的網路帝國。如今他擁有了上百億資產、被人們稱為網路中的「拿破崙」。

馬雲曾經說過：「如果我能成功，大部分人都能成功，你別放棄這一次機會，永遠不要放棄，你有這個夢想、有智慧、有勇氣、走正道，就一定會有機會。」成功是每個人都希望達到的，財富每個人都可以擁有，但是能達到成功的人卻少之又少，能擁有財富的微乎其微。因為，要想成功就必須走一條漫長艱辛之路，在荊棘面前，有人卻步了，慢慢掉隊，終於趕不上成功者的腳步了。對待失敗及挫折，著名的數學家華羅庚曾經說過：「在科學的道路上沒有平坦的大道可走，只有一條條彎曲的小徑。只有不畏攀登的人，才有可能登上科學的頂峰。」強者之所以強，不是因為他們遇到挫折時沒有消沉和軟弱，而恰恰在於他們善於克服自己的消沉與軟弱。強者在挫折面前會越挫越勇，而弱者面對失敗會停止不前。所以，要直接面對失敗，正確對待人生中最寶貴的失敗經歷，因為多年後，當你站在成功的高峰上回首時，你會發現，原來你所擁有的最寶貴財富，不是成功後收穫的金錢，而是失敗與挫折中的付出。

◆經歷是上帝的恩賜

在IT行業處於血雨腥風之際，馬雲等人卻在潛修內練，經過1999年的內功修練，加之阿里巴巴接連獲得兩筆融資，馬雲認為是對外進行宣傳的時候了。2000年，馬雲將「西湖論劍」這個彙集了全國互聯網新貴的交流平臺推了出來，並邀請著名武俠作家金庸前來主持。

馬雲曾說過：「即使跪著活，只要活著一天，我們就贏了。」後來阿里巴巴重回IT戰場，回歸B2B的主業。在別人最冷的時候，馬雲把門關起來，他認為把自己的產品做好，等到春暖花開之際就會有收穫，事實也的確如此。

正值互聯網最谷底的2002年，《IT時代周刊》曾這樣描述阿里巴巴的脫穎而出：幾年來，北京的互聯網企業就像乘坐電梯從天堂落到地獄，幾乎沒有一個互聯網英雄能夠脫離集體瘋狂，也沒有一個能夠逃離瘋狂後的災難。而依託杭州的阿里巴巴，如今已無可爭議地成為中國最好的B2B電子商務企業。

馬雲成功了，他成為無數創業者崇拜的偶像、一代宗師。他的成功告訴我們，無論做任何事，只要自己認為是對的，就要始終如一地堅持下去，不輕易放棄，總會迎來成功。要相信「柳暗花明又一村」的景象就在前方，因為人生豐富多彩的經歷，其中包括磨難、挫折、失敗等都是上帝的恩賜。從古至今，成功人士的人生道路都是布滿荊棘的。兩千多年前的漢朝著名史學家司馬遷，因「李陵事件」下獄，受了宮刑。應該說，人世間沒有比這更大的恥辱了。可是他沒有消沉，忍辱含垢、披肝瀝膽，專心著述整整十一年，終於寫成了五十二萬字的鴻篇巨帙《史記》。一個普通人是絕對不能接受「失聰」的，而聽覺更是一個音樂家的生命，然而貝多芬卻仍在耳聾後寫出了許多震古鑠今的不朽之作。

所以，不要說上天賦予你的只是苦難，卻把財富都給了別人。當你在苦難、困境中摸爬滾打，從無數次的倒下中站起來，進而不斷成長、成熟，不斷變得堅強時，你就擁有了更多更寶貴的財富。記住，斑斕的經歷是上帝對你的恩賜，越多苦難來臨，只能代表上帝對你越寵愛，想要給你更多財富。

人生的財富就在你身邊，要看你能不能把握住。生活中最可怕的並不是挫折和失敗，而是喪失了站起來的勇氣，從而一蹶不振。只要意志堅強，善於總結經驗教訓，勇往直前，成功的大門會永遠敞開。其實，挫折是成功的前奏。當一個人走完他坎坷不平的一生，回頭想想所經歷過的悲喜歷程，他也會為自己留下的堅實腳印而欣慰。

馬雲的人生哲學

如果說人生是一部電視劇，內容和情節都是越豐富越曲折才越好，因為只有與眾不同的情節才能吸引更多的人去欣賞；因為有了一份經歷，才知道什麼是悲喜苦樂，什麼是真假善惡；因為有了一份經歷，才知天有多高，地有多廣，路有多長。

綜觀人的一生，平淡也好，輝煌也罷，每個人手中都有一筆很可貴的財富，一筆不能用金錢來衡量的財富。

其實，經歷就是人生最大的財富，一筆永遠的財富。

6 想賺錢就應該把錢看輕

「世界上最愚蠢的人，就是自以為聰明的人；同樣，最想發財的人，往往也發不了財。」應該把錢看輕，唯可看輕者方能真正賺得到錢。馬雲，一個富翁的代表，卻是真正理解錢的意義、有著自己獨特財富觀的人。一直以來，馬雲都認為，不管做任何事都不能有功利心。一個人腦子裡想的是錢，眼睛裡全是人民幣、港元、美金，明眼人一看就不願意跟你合作。

老是想著賺錢的人，掉進錢眼裡當然看不清錢，也不可能看輕錢，因為他已經被金錢套牢了，又何以言輕！心眼被金錢遮蔽，成事就斷無可能了。

◆小聰明不如傻堅持

很多人喜歡自作聰明，有小聰明的人太多。然而，事實卻是聰明反被聰明誤，那些以為自己占了便宜、賺得大錢的人反而是最不會賺錢的人。最愚蠢的人就是那些認為自己聰明，認為自己占了便宜的人，實則離錢遠著呢！很多人都玩過風靡一時的「殺人遊戲」，有時候，「殺手」以為大家都不知道他是「兇手」，正在自鳴得意地表演，實則是大家串通好讓他做「殺手」的。所以，永遠不要把別人看作傻瓜。當年阿里巴巴剛剛起步時，很難招到員工，馬雲開玩笑說：「是把大街上能走路的都招進來了。」後來這些人中的很多「聰明人」離開公司去創業，真正成功的也沒幾個，倒是一直留在公司「沒地方去的那些不聰明的人」，隨著互聯網的迅猛發展，收入越來越高。所以馬雲感慨地說，有時候小聰明還真不如傻堅持，耐得住寂寞才能成器。

另外，之所以要把錢看輕，是為了騰出腦袋的空間，給自己的腦子填充些更有意義的東西。要想做富人，就要不斷學習。古人說：「讀萬卷書，行萬里路。」一個人要有長遠眼光和寬大胸懷，必須多跑多看，捨得在自己腦袋上投資，換得開闊的眼界和獨到的見解，這樣才能讓自己的觀點獲得大客戶的認同。只有現在把錢看輕了，將來才有可能賺得更多的錢。充實了自己，開拓了自己的眼界，何愁沒有錢賺？

◆將錢看輕，瀟灑生活

「我一直以來的理念，就是想賺錢的人必須把錢看輕，如果你腦子裡老是想著錢，一定不可能賺到錢。」這是馬雲根據自身經驗，總結出來的人生財富觀。也正是初次下海的經歷給馬雲留下了這樣深刻的體會。

馬雲畢業之後，就在杭州電子工學院（現為杭州電子科技大學）當英語及國際貿易講師，其實，馬雲在杭州師範學院的六年裡，每天想的問題是將來怎麼才能不當老師，他覺得男孩子當老師不適合，而且老師的工資不怎麼高，每個月只有十幾塊錢的津貼。然而，如果就這樣離去的話，又覺得對不起學校。就這樣，馬雲帶著滿心的矛盾走上了教師的崗位，而且還成了當年杭州師範學院所有畢業生中唯一被分配到大學裡教書的學生。

當他被派到杭州電子工學院當英語及國際貿易講師時，母校杭州師範學院的校長對他說，你是學校的驕傲，希望你能夠至少教上五年。因為在校長看來，如果馬雲不能踏踏實實在大學裡教書，跳槽出來後，杭州師範學院裡的畢業生以後就再也分不到大學裡了，所以他希望馬雲能樹個榜樣。校長的這一席話，讓馬雲腦子一熱，心甘情願地在那裡待了整整六年，每月只有89元錢的工資。當時，馬雲身邊有許多朋友和同學都選擇了下海，而從商的、出國的也有很多，外界有很多機會和誘惑，深圳要給他1,000多元的工資，海南給他3,000多元的工資。然而，這個被稱為「如果三天沒有新主意，一定會難受得要死」的馬雲，最終還是信守承諾，堅守在自己的工作崗位上，認真工作，還曾被評為全校最好的十位老師之一，而且被破格提升為「講師」。

然而，也正是這一段經歷，成就了馬雲，使他感受頗多。馬雲的魅力也正是從那個時代開始顯現的。阿里巴巴裡面最初跟他創業的十八個元老，有幾個就是他的學生，都是從學生時代就開始崇拜馬雲，最後馬雲去創業，他們也一路跟隨，直到現在，他們還堅守在阿里巴巴的崗位上。

馬雲在教書時，總是教導學生使用最有效的學習方法。他還在杭州西湖邊上創立了英語角，這個英語角在1990年代初非常有名，慕名而來的除了許多學生還有上班族。其中有一個是當時望湖賓館的大堂副經理，最後成為馬雲的學生，每次活動他都非常積極，風雨無阻。如今，這位大堂副經理早已成了馬雲的得力助手。

更有趣的是，馬雲的夫人張瑛也是馬雲在杭州電子工學院的一個同事，最後成了馬雲的人生伴侶加志同道合的工作夥伴。說到夫人，馬雲曾動情地說：「這幾年來，張瑛幾乎沒有自己的生活，沒有朋友圈子，天天都在公司。」成功的男人背後都站著一個女人，馬雲也一樣。

阿里巴巴的另一位創始人彭蕾，也是馬雲在杭州電子工學院的好朋友和同事。可以這麼說，馬雲在杭州電子工學院做老師的那幾年，奠定了阿里巴巴創業路上最核心、最忠誠的創業團隊。而這些夥伴和記憶，應該是他一生中最寶貴的累積和財富。

正是當老師的這段經歷，讓馬雲學會了平靜地面對金錢，瀟灑地對待人生，所以才有了馬雲今天的巨大成就。這六年，對馬雲日後的創業起到了支柱性的作用，馬雲不但結識了許多對他事業有幫助的人，還懂得了怎麼樣沉靜下來跟學生溝通，怎麼樣把知識傳遞下去，怎麼去信任別人。「我跟學生之間有真誠的感情，後來跟同事之間也是這樣，不像老總與下屬的關係。」公司裡的員工對他都是直呼其名，外人尊稱他馬總時，他也很不習慣，會趕緊糾正「別叫我馬總，叫馬雲」。

馬雲的人生哲學

馬雲能取得今天的成就，與他對金錢的態度有著莫大的關係。一直以來，馬雲對錢的態度一方面是很冷漠的，另一方面卻又十分重視。將錢看輕並不是安於現狀，如果馬雲蔑視金錢，安於幾十元錢的工資，那麼也就不會有現在的阿里巴巴，以及智慧與財富、地位並重的馬雲了。

是的，他非常希望得到投資商的資助，但他同時希望投資商盡量少控股，這是因為他不知道哪一天又會想出什麼大家不可接受的怪點子。還有一個原因就是，馬雲認為自己控股不如讓員工也從中獲利，因為所有的阿里人都是馬雲患難與共的朋友，深信「有福同享，有難同當」的馬雲一直以朋友為事業的中心。正是因為如此，他為自己贏得合作夥伴的敬佩與信任的同時，也贏得了人生的成功。

第十章　戰略哲學

——阿里巴巴不敗之根本

制訂戰略最忌諱的是面面俱到，一定要重點突破，所有的資源運用於一點，才有可能贏。

——馬雲

戰略是指引公司前進的方向燈，正確、適當的戰略是企業發展必需的。阿里巴巴制訂戰略目標，永遠不會同時超過三個，超過三個就記不住了。團隊中七是重要的數字，一個人最多只能管理七個人。

1 戰略管理沒有細節，等於一堆廢紙

成功與失敗，常常就差在一點點的細節處理上。老子曾說：「天下難事，必做於易；天下大事，必做於細。」這句話給我們闡述了細節的重要性。它告訴我們，想成大事，就必須從身邊的小事、細節做起。生活中無論做人處世，管理乃至生意交易，無不體現了細節的重要性。「海不擇細流，故能成其大；山不拒細壤，故能就其高。」說的就是這個道理。其實成功並沒有想像中那麼高不可攀，只要做好每一個細節就夠了。

世界著名文學家伏爾泰曾說過：「使人疲憊的不是遠方的高山，而是你鞋裡的一粒沙子。」俗語說：「露珠雖小，卻可以折射整個太陽。」所以，生活中的一些小事看似尋常、出自無意，但卻往往能反映出一個人的內在素質，也決定著未來的成敗。有些人雖然胸懷大志，但卻總是眼高手低，不屑於從小事做起，所以他們永遠也不能做成一件有意義的事。一心渴望成功、追求成功，成功卻了無蹤影；甘於平淡，認真做好每個細節，成功卻不期而至，這就是細節的魅力。

◆千里之行，始於足下

有很多人都喜歡做大事，討厭做小事；因為他們認為大事讓人臉面有光彩，受人稱羨；而小事往往不為人知，更無法對人稱道。可是他們卻忽略了一個事實：大事能成，往往是由小事做起的。想要成就大事，必須做好一件件的小事。

何為細節？何為大事？大和小相互依存，相互聯繫，是相對和辯證統一的。再大的事情，也都是由一個個小事情和細節組成，如果一個人連自己的本職工作這麼「小」的事情都做不好，如何要求他能成大事呢？古時候就有箴言：一屋不掃，何以掃天下？就是告誡我們：生活無小事。即使細小的事情，哪怕微乎其微，也是不可忽略的。羅馬不是一天能夠建成的，成功的人總是努力把簡單的事情做好，並將之做成有價值的事，從而創造偉大的成就，擁有財富、地位和名望。把簡單的事情做好就是最大的成功。

小王製作了一個網站在阿里媽媽上賣廣告，其中首頁的一個廣告被別人看中了，但是那人沒有支付寶，就問小王除了支付寶，還有沒有別的支付方式。對於這個，小王也不太清楚，因為他一直只用支付寶，於是他就撥通了支付寶客服電話問道：「在阿里媽媽上購買廣告只能用支付寶付款嗎？有別的支付方式嗎？」

支付寶的客服小姐回答說：「應該有其他的支付方式，比如說銀行卡什麼的。」

小王剛放下電話還不到五分鐘，電話又響了，是支付寶的客服小姐打來的，說道：「對不起，剛才說的阿里媽媽廣告，目前只能用支付寶支付。」

為了糾正一個錯誤的回答，為了避免給用戶造成錯誤的引導，她們又特意打電話過來。如果碰到其他的企業或者公司，可能一句話「這個我不知道，不屬於我們這裡管」，然後「啪」地一聲把電話掛了，就這樣將客戶打發了。雖然只是一個小小的電話，但卻充分體現了他們的服務態度。

現在，你明白馬雲為什麼總能成功了吧？細節做到如此地步，不成功只怕是很難了。

美國品質管制專家菲力浦·克勞斯比說：「一個由數以萬計的個人行動所構成的公司，經不起其中1%或2%的行動偏離正軌。」世界一流企業傑出員工的共同特點，就是能做好小事，能夠抓住工作中的一些細節。凡事無小事，簡單不等於容易。生活中，將你擊垮的不是那些巨大的挑戰，而是一些非常瑣碎的小事。當困擾你的是一些雞毛蒜皮的小事時，我們可能會束手無策，因為這些是生活的細枝末節，微不足道。然而，正是這些看似微不足道的小事，卻能無休止地消耗人的精力。一個有志有為的人，必須從身邊的「舉手之勞」做起，切莫輕視細節和小事，因為什麼東西都有一個由量變到質變的過程。善於從小事做起，把它們一件件做好，這樣才能做成大事。「不積跬步，無以至千里；不積細流，無以成江海。」偉人和平凡人之間真的有區別嗎？當平凡人注重細節時，就可能造就偉人的事業；當偉人忽視了細節，只顧眼前的浮華時，又何談其偉大之處呢？所以，只要我們用心去做，每一件小事都能成就大業！

◆成也細節，敗也細節

成功也是由許多細節累積而成的。在很多時候，一個人的成敗就取決於不為人知的細節。人與人之間在智力和體力上的差異，並沒有想像中那麼大。很多小事，一個人能做，另外的人也能做，只是做出來的效果不一樣，往往是一些細節上的工夫，決定著完成的品質。世界上不論什麼事，從最根本的角度來說，都是由一些細節構成的，在今天激烈的社會競爭中，決定成敗的必將是微若沙礫的細節。看不到細節或者不把細節當回事的人，是永遠不會成功的。正所謂「成也細節，敗也細節」。

成功者都有一個共同的特點，就是能做小事情，能抓住生活的一些細節。馬雲說：「沒有細節的戰略等於一張廢紙。我一直覺得，其實我們的工作就是在做細節，在細節方面我們雖然滿意，但是仍然在不斷改進。我們的成績也許別人看不到，但是對於我們來說，那是我們的驕傲。因為只有我們自己知道，我們在細節方面下了多少工夫。」細看馬雲經營的淘寶、支付寶，還有新上線的阿里媽媽，每個網站都體現了其做人、做事的認真與細緻。無論是網站設計布局，還是網頁打開的速度等各方面，都讓人無可挑剔。

密斯·凡·德羅是二十世紀中期世界上最著名的現代建築大師之一，他的成名也是因為重視細節的發揮，利用細節而成功。曾有許多中外記者問及他成功的原因，他只用一句話描述：「魔鬼在細節。」他最後反覆強調：「不管你的建築如何恢弘大氣，如果你對細節的把握不到位，那就不能說是件好作品。細節的準確生動可以構成一幅偉大的作品，細節的疏忽會毀壞一個宏偉的計畫。」小事成就大事，細節成就完美。生活中也許會因為我們這些小小的不經意，而錯失一次次成功的機會。那些注意細節、細心為人處世的人，卻往往能獲得不經意的成功。

馬雲的人生哲學

細節可以造就成功，也可以導致失敗。細節影響品質，細節顯示差異，細節決定成敗。星河的燦爛是因無數星星匯聚，偉業豐功也是由瑣事小事累積。凡事皆由小至大，小事不願做，大事就做不成。智者之所以是智者，就是善於以小見大，從瑣事中參悟深刻的哲理，從細節中尋找成功的關鍵。

倒立的馬雲，倒立的阿里巴巴

在淘寶和阿里巴巴，每一位員工都會「倒立」，包括馬雲，這似乎已成為馬雲倡導的一種顯性企業文化——換個視角看世界。

沒有人知道是誰發現了水，但可以肯定的是一定不是魚。因為魚生活在水裡，就永遠不會感覺到水的存在。在魚的眼中，水如同我們身邊的空氣；而在人們的眼中，水是清澈透亮的奇妙事物，站在不同的角度，總會看到不同的世界。一些事情雖有不愉快或糟糕的一面，但也有好的一面。如果覺得滿腹委屈，滿心煩躁或是臨近絕望的邊緣，不要再繼續向死胡同裡走了，換個角度，換一份心情，試著去找尋一片更廣闊的藍天，或許就會有那麼一瞬間，你心中密布的陰雲霎時變得風和日麗。或許就有那麼一個人、一段話、一個動作，會讓你忘記種種煩擾。有兩句話說得好極了：「當你眼中只看見海，而看不到其他時，就會認為沒有陸地的存在，就無法成為優秀的探險家」，「真正的發現之旅，並不在於尋求新的景觀，而在於擁有新的眼光」。所以，只要調整自己看問題的角度，你的世界將會變得不一樣。你用什麼眼光看世界，世界就會以什麼方式回報你的觀看。生活中從來不缺少美的事物，而是你不能從另一角度去發現它而已。

◆一個角度，一個世界

也許大家都聽過這樣一個故事：古時候，有一位老太太有兩個女兒。兩個女兒長大後，大女兒嫁給了一個傘店的老闆，小女兒當上了洗衣作坊的女主人。雖然兩個女兒都過得很幸福，但是老太太卻整天憂心忡忡。逢上雨天，她擔心洗衣作坊的衣服晾不乾；逢上晴天，她怕傘店的雨傘賣不出去。為此，她每天都要為女兒擔憂，沒有一天過得開心。後來有一位聰明人告訴她：「老太太，您真是好福氣！下雨天，您大女兒家生意興隆；大晴天，您小女兒家顧客盈門。哪一天您都有好消息啊！」老太太聽他這樣一說，想想也是這個道理，從此便不再為兩個女兒擔心了，臉上也露出了燦爛的笑容。天氣變化還是老樣子，只是腦筋變一變，生活的色彩竟然煥然一新。漫長的人生歷程中，我們一路走來，不如意事常十之八九。當遭遇困境時，重要的不是發生了什麼事，而是我們處理它的方法和態度，假如我們轉身面向陽光，就不會再身陷陰影裡了。

如果想成為淘寶網的一名工作人員，那麼無論高矮胖瘦，你都必須在三個月內學會靠牆倒立。男性須保持倒立姿勢超過三十秒才算過關，對女性的要求稍低些，十秒即可，否則只能捲鋪蓋走人。據阿里巴巴的工作人員說：「倒立有兩個含義：一是鍛鍊身體，淘寶創立初期，遭遇“SARS”，大家都出不去，創業又都很辛苦，需要一種簡單的鍛鍊身體的方式；其次，就是淘寶和eBay易趣的較量，這是螞蟻撼動大象的故事，我們用倒立的方式換個視角解決問題，成功了。」倒立不僅僅是理論，更是阿里巴巴員工的「必修課」。在2005年某一期《富比士》雜誌上刊登了阿里員工貼牆倒立的照片，馬雲說這是淘寶網員工的「招牌動作」。的確，「倒立」思維讓馬雲在與競爭對手打拚時，可以充分認識自己與對方的優劣，做到「以己之長，攻其之短」。

在短短三年裡，淘寶從一個剛起步的網站，變成了如今中國C2C領域的領軍團隊。究竟淘寶是如何做到的？他們是如何在「eBay易趣已經占領大部分中國市場」的局面下，轉被動為主動的？倒立的招式，在何時何地都是非常需要的。落後的時候，倒立著思考問題，或許就能打開新局面；成功的時候，倒立著看清實質，或許就能發現那些被屏蔽的不足。馬雲說，如果你倒過來看世界，你會變得不一樣。是的，倒立的馬雲，在與競爭對手過招時，總會給人以出其不意的打擊。

人生是一次長途跋涉，旅途中有無數的曲折和險阻。人生從一開始就注定是風雨兼程：人生路上到處隱藏著荊棘。煩惱、挫折會像夏天裡的雷雨突然襲來，令人猝不及防，甚至連喘息的機會都沒有。其實，磨難是人生的另一個太陽。只要我們換一個角度去思考、去觀察，就不難發現，生活展現給我們的並不是我們所感覺的那麼糟糕、那麼陰霾、那麼沒有希望。

還有一個甜甜圈的故事，同樣是半個甜甜圈，悲觀者說：「唉，只有半個了！」樂觀者卻說：「天啊，還有半個呢！」也僅僅是換了一個角度就分為兩個世界。「橫看成嶺側成峰，遠近高低各不同。不識廬山真面目，只緣身在此山中。」蘇東坡的這首詩充分說明了「一個角度，一個世界」的問題。同一個事物，站在這個角度橫看和站在另一個角度縱看，肯定是不一樣的，人生亦是如此。當人生的理想和追求不能實現時，我們不妨換個角度來看待自己的人生。試著轉變一個角度，或許你會看到更美的世界。

◆塞翁失馬，焉知非福

「塞翁失馬，焉知非福」出自《淮南子．人間訓》，這則寓言故事充分闡明了「禍兮福之所倚，福兮禍之所伏」這個道理。它告訴我們，人世間的好事與壞事都不是絕對的，在一定的條件下，壞事可以引出好結果，好事也可能會引出壞結果。人生的許多遭遇，有時看來是福，其實卻是禍；有時看來是禍，卻未必不是福。所以，不論在什麼時候發生了什麼事情，你都要記住：厄運與幸運往往是交替出現的。

人生總是有起也有落，有幸運也有厄運。在人生之路上，若遇峽谷千萬不要退縮，攀爬過去就是頂峰，好領略那一覽眾山小的境界；若有高牆就去翻越，翻過去就是一馬平川的原野，好去享受那放浪形骸的自由。厄運並不總是致命的，厄運也並不總是長久存在的。生命是一種循環的過程，好事變壞事、壞事變好事的情況經常發生。有時候，厄運甚至就是一種幸運，一種難得的契機，因為，它逼著你不得不選擇另一條路，當你踏上一條新路時，成功可能就在向你招手了。

在淘寶網剛剛啟動的時候，馬雲用一種免費戰略撬動了eBay在中國的生存基石——eBay易趣，打開了市場。eBay在北美市場是靠向賣家收費而受到投資商青睞的，它從一開始就獲利，而且獲利頗豐。可是，馬雲卻宣布中國的淘寶是免費的，而且「幾年內都將免費」。就這樣，遊戲規則在最最敏感的一點上被重寫了，從收費到免費，無疑是一次讓人熱血沸騰的「倒立」。雖然淘寶網採用的是一種免費戰略，但這種「免費」卻為馬雲帶來了更大的利潤。一方面，免費吸引了大量用戶來到淘寶。2007年，中國的網友總人數達到1.62億，其中，超過25%的網友在網上購物，而這些網上購物者，基本上都是淘寶的用戶。另一方面，淘寶是一個交易平臺，在交易過程中，會有資金不斷地從各個賣家、買家的銀行帳戶轉移到支付寶帳戶，在這個過程中，會有大量的資金積聚到淘寶公司。當人們以為馬雲這樣做一定會失敗的時候，沒想到馬雲卻獲得了比任何人都大的成功。

人生一直是在不斷變化的，而每個人的處境也是在不斷變化的，有時候當你覺得快要成功的時候，可能更大的失敗正要發生；但就在要失敗的時候，可能正在面臨更大的成功，它們之間的轉化就可能在你抉擇的瞬間發生。所以，世上萬事萬物從來沒有絕對的利，也沒有絕對的害，得失也是如此。有些人，在獲得成功後，擁有了高級別墅或者豪華住宅，內心卻陷入了空虛、寂寞和無聊，以至精神崩潰。失去並不一定是壞事，因為在失去中始終蓄藏著生機，這就需要你去細心發現了。因此，坦然面對人生的失敗與成功，就是為自己打造一個更加完美、更加成功的人生。

馬雲的人生哲學

古詩中說：「山重水複疑無路，柳暗花明又一村。」成功時，無須洋洋得意；碰到困難與挫折時，也不必灰心喪氣。拉羅什富科說過，「幸福後面是災禍，災禍後面是幸福」，對待事物，我們要以發展的眼光去看待，目光短淺者，看到的是無望；而目光遠大者，看到的是希望。如果不執著於問題的表象，用另外一個角度來看人生，那麼，失敗與成功也就不必在短時間內立即判斷，因為，所有的問題都潛藏著機會。

3 在變化中求生存

社會在發展，時代也在進步。與此同時，人類的生存也面臨著嚴峻的考驗與挑戰，面對不利的環境，很多人不是千方百計想辦法戰勝困難，而是先指責一番，用黃金般寶貴的光陰，換來無用的指責埋怨。其實，太多的時候，我們在想像中將困難擴大，如果你稍做一下改變，就會得到「柳暗花明又一村」的驚喜。只有改變，才能由被動轉換為主動，掌握主動權。改變就是要自己去做平生最害怕做的事情；改變就是要敢於突破自己現有的發展空間，重新建立新的生活秩序；改變就是做你過去不習慣做或者是不喜歡做的事情，不斷打破你過去固有的生活習慣。只有在改變中，人們才能進步得更快。

生存之道不離求變，無論在生活上還是在商場上，每時每刻都在發生著變化，如果不能承受壓力，採取正面的態度迎接轉變，不斷尋找創新的方法處理危機，最終只會湮沒於轉變中。有的人陷在舊思維的框架裡，不知跳出來，以致平庸一輩子。一個人要想改變現狀，取得成功，就要懂得變中求存的道理，只有那些勇於改變的人，才能迸發出內在的潛能，走出一條屬於自己的成功之路。

◆「在變化之前先變」

馬雲說：「在阿里巴巴公司的文化裡有一條非常重要的價值觀：擁抱變化！我們認為，除了我們的夢想之外，唯一不變的是變化！這是個高速變化的世界，我們的產業在變，我們的環境在變，我們自己在變，我們的對手也在變……我們周圍的一切全在變化之中！」

「商場是個沒有硝煙的戰場，商人隨時都有可能在激烈的競爭中被淘汰。無法適應社會，縱然有先進的知識與聰明的頭腦，也不會有立足之地。」

「物競天擇，適者生存」，這是自然的普遍規律，生物經過激烈的生存競爭，適應自然環境的優勢物種才得以生存。其實，這個道理同樣適用於人類社會。在2004年9月阿里巴巴成立五周年時，馬雲宣布了公司自成立以來最大的一次人事調整，公司戰略將從“Meet at Alibaba”全面跨越到“Work at Alibaba”。馬雲為這個轉型做的解釋是：「“meet”就是把客戶聚在一起。這就好比在做一個水庫，水庫何以賺錢呢？如果養魚，沒什麼意思；如果做旅遊，還要花費水電。所以，“meet”的錢都是小錢；“work”則意味著水庫要鋪管道，將水送到千家萬戶變成自來水，自來水廠賺的錢一定比水庫多。我就希望電子商務對每一個中小企業都能像擰自來水龍頭一樣方便。這次人事變動主要是向更專業化的方向調整。我們認為去年、今年和明年是電子商務的一個累積期，到了2008年、2009年必然有一個爆發。因此，我們必須搶在這個變化前先變，而不是等到出了問題再去想辦法解決。」改變是阿里巴巴保持變革能力的關鍵，也是阿里巴巴能夠在競爭激烈的IT行業中迅速成長的秘訣之一。

只有改變才是發展之道，企業想要壯大，個人想要發展，就要學會靈活多變，在變中求發展。一個人、一個企業如果不懂得變通，不懂得視「轉變」為新的挑戰的話，就不能開創新的局面。英國前首相邱吉爾說：「要進步就必須求變，要完美則更須不斷求變。」這個社會，需要的是善於變通的人，不懂變通的人在事業上將寸步難行。所以，要想進步，把自己塑造成一個成功的人，就要懂得改變。一位著名學者說：「在這個世界上取得成功的人，是那些努力尋找他們想要的機會的人，如果找不到機會，他們就會改變自己去把握現有的機會。」在現代社會，堅持不懈是一種執著、堅韌的精神，然而，改變也不失為一種成功的方式。只不過，堅持不懈是一種美德，而改變卻是另闢蹊徑，通向成功之路的另一種方式罷了。

想要成功，想要讓自己在這個世界上生活得更久更美好，就得試著每時每刻改變自己，讓自己變得「更快、更高、更強」。

◆改變不了環境，就改變自己

一隻懷著滿腔憤怒與沮喪心情的烏鴉，叼著自己的行李打算飛往南方。牠對現在的這個地方一點留戀也沒有，反而充滿了厭惡。在飛行途中牠遇到了一隻鴿子，於是就一起停在一棵大樹上稍作休息。

鴿子看見烏鴉神情很憔悴，還時不時地嘆氣，就關心地問牠：「烏鴉大哥，你要飛到哪裡去啊？」烏鴉怏怏地說：「我也不知道，反正就是想離開這裡……」鴿子感到很奇怪，候鳥也不會選擇這個時候遷徙啊！就又問道：「怎麼了？發生什麼事了嗎？」這時，烏鴉憤憤不平地說：「老實說，其實我什麼地方都不想去，這裡的水比較甘甜，吃的東西也多，氣候我也挺習慣的，說到底，我並不想離開這個地方。只是這裡的居民太可惡了，他們老是嫌我的叫聲不好聽，總是挖苦我、取笑我，現在居然還轟我走！我做這個決定也是沒辦法呀！」

鴿子聽了笑笑說：「烏鴉大哥，我勸你別白費力氣了！如果不改變你的聲音，你飛到哪裡都不會受歡迎的！」

雖然只是一則寓言，但道理是硬道理：一個人不能時時刻刻都和環境相宜。當環境惡劣的時候，如果你無法改變周圍的環境，唯一的辦法就是改變你自己。學會和其他人友好相處，學會去適應環境才是最好的辦法，否則受到生活懲罰的將是你自己。

馬雲說：「我們必須在別人改變之前先改變自己。阿里巴巴在過去幾年裡的發展以及我本人近十年的創業經驗告訴我，懂得去瞭解變化、適應變化的人很容易成功。而真正的高手還在於製造變化，在變化來臨之前變化自己。」為了讓阿里巴巴有一個更好的發展前途，馬雲決定做出改變，讓阿里巴巴向多個熱門領域突破。為此，2004年9月，阿里巴巴與英特爾合作，開始建設中國首個手機無線商務平臺；同樣為了抓住無線電子商務的歷史機遇，阿里巴巴開始與微軟方面親密接觸，商討在微軟的MSN即時通軟體中結合線上拍賣功能的相關合作事宜。在改變中，馬雲讓自己的事業越做越大。

改變自己是非常痛苦的，好比是一棵大樹要被砍去樹枝一樣，承受長時間的疼痛，但疼痛過後，卻是勢頭更足的蔥蘢。改變自己，才會有一個更新的自我。

許多時候，生活中、工作中的環境不盡如人意，常常會引起我們心裡的不滿。這時，心裡產生了不平衡，脾氣也變得暴躁，生活品質下降，工作的激情也受到了影響，工作的品質則更是每況愈下。這麼一來，吃虧最多的還是自己。

因此，我們應記住：少埋怨環境，多改變自己。

面對生活中所發生的一切事情，人們有太多的無可奈何。現實是無法改變的，但我們可以微笑著去面對它，適應它。當生活遭遇挫折時，當幸福的陽光被烏雲遮擋時，不要哭泣，不要傷心，要勇敢地去面對它。山不會自己崩塌，但換個心態，我們可以自己翻越過去，其結果不是一樣嗎？命運掌握在自己手裡，而不是在別人手裡。通過改變自己，才能最終改變別人，使原本惡劣的環境為己所用。

這個時代前進的腳步太快了，不能不適應，不能不調整，不能總是抱怨，不能總是力圖改變環境。當我們為生活或境遇煩惱苦悶到極點的時候，要學會敞開一扇心靈之窗，換個角度看待生活、看待事物，不要因為一次挫折就自暴自棄，止步不前。我們所有的改變都是為了以後能有更好的發展。

馬雲的人生哲學

也許你認為原則是永遠不可以放棄的，但是改變不是要你放棄自己的原則，而是讓自己有更大的平臺、更多的機會來實現自己的理想。改變不是妥協，是一種以退為進的明智選擇。就好比要到達一個目標，多數情況下，直接走是行不通的，得繞個彎子迂迴一下。人的一生就是這樣，不改變自己，就永遠只能是一個失敗者，不改變自己最終會被社會所淘汰。

4 不死才是王道

決定許多優秀企業成敗的並不是資源與成本，而是企業的價值觀與戰略選擇。一個企業能生存下去，在業績的背後，一定有一個強大的團隊，在團隊的背後一定有文化的支撐，而在文化背後的便是心態。在高呼勤勞致富的今天，一切制度的存在與知識的管理有人用勤勞與機會解釋，而這實際上卻是一種不負責任的表現。無論是一個企業還是一個國家，大膽的時候，戰術是重要的；小心的時候，戰略是重要的。

◆努力「活」下去

曾有一個農夫養了一頭瞎了的驢子，一天這頭驢子不小心掉進了一口枯井裡，農夫為了救驢子，想了很多辦法但都沒用。幾個小時過去了，驢子還在枯井裡痛苦地哀嚎，農夫用盡了所有辦法，最後終於想通了：反正驢子的壽命也不長了，不值得大費周章去救牠出來。當他聽著驢子一聲聲痛苦的哀嚎時，便下定決心把井填起來，以使驢子能安息。於是農夫回家叫來了一些朋友，他們手中各執一鏟，開始將泥土往枯井中填。此時的驢子終於明白了自己的處境，牠停止了剛才的哀嚎，農夫奇怪地探頭往枯井中看，不禁大吃一驚：原來驢子每次都會把背上的土抖落在一旁，然後站在鏟進的泥土上面。於是，大家你一鏟我一鏟，隨著泥土的不斷增多，驢子很快便到了井口，就這樣驢子得救了。

現代社會，很多企業也遇到了與驢子同樣的境況。當次貸危機正影響著全世界時，人民幣升值壓力也不斷增大，生產成本上升，以及潛在的通貨膨脹，這些都給中小型企業帶來了一定程度的生存危機。一些外企面臨本國需求量減少、外貿交易成本增大的壓力，而一些靠低價優勢出口的中小外貿企業也面臨死亡的威脅。

對此，阿里巴巴集團董事會主席馬雲認為，中小型企業的首要戰略應是努力讓自己活下去，不死才是硬道理，而目前的經濟形勢，反而是中小型企業的一次機會。馬雲還表示：「阿里巴巴其實還是一家高速發展的小公司，而且只做中小型企業的服務工作。」他還用自己九年的親身經歷，鼓勵中小型企業，他說：「想要活下去，首先要問問自己想幹什麼，該怎麼幹，準備幹多久，搞清楚這三個問題，就能制訂清晰的戰略目標，堅定地走下去，就一定會成功。」同時，次貸危機對歐美大企業是一個巨大的挑戰，但也會誕生更多小買家，這對中小型企業來說，無疑是一個不錯的機會，只要堅持做下去，現在的小買家就會是你明天的大客戶。

因此，只有經歷過困境的人才能走向更高的層級，而這其中最重要的就是要相信自己的能力。在漫長的生命旅途中，我們很有可能會像驢子一樣，一不小心掉入「枯井」，會有不同的「泥土」堆積在我們身上，這種情況下，我們唯一的解決辦法，便是將身上的「泥土」抖落，然後利用它，這才是成功的路徑之所在。當然，成功活下來的前提是你必須有努力活下去的強烈願望。只要活下去，未來就有很多種可能，也只有活得長的人，才能得到更多的鮮花與掌聲。所以在企業中，我們不應為了表面的強壯而犧牲身體，也不要為了表面的業績而犧牲組織制度、文化的建設。三十年河東，三十年河西，只要記住，活下去就有希望。

◆堅持到底就是勝利

無數企業經過實踐得出的結論是：企業優秀與卓越的標準並不是某個人、某件事、某個時期的經營狀況，而是看誰能把自己信守的核心理念堅持到底。實際上，企業之間的競爭是一種企業精神的較量，不是誰做得最好，而是誰做到了最後，笑到最後的才是勝利者。

1999年，馬雲回到杭州創辦阿里巴巴公司，這對他來說是一個事業的轉折點。當時也是互聯網最狂熱的一個時期，但好景不常，2000年，隨著網路經濟的破滅，互聯網陷入了谷底，阿里巴巴也未能倖免，人員不斷流失，在美國的辦事處和國內一些地區的辦事機構相繼倒閉。當時的馬雲承受著巨大的壓力，甚至連他自己都不能肯定互聯網能走多久，要知道當時就連美國等發達國家的企業也沒有做成功。但就在馬雲最困難、快堅持不住的時候，事情有了轉機，孫正義向他伸出了援手，幫助阿里巴巴度過了一個巨大的難關。在他的堅持下，阿里巴巴一步步走向了成功。因為阿里巴巴的服務對象是做製造業的中小廠商，網上開通的國際貿易為其他的中小型企業提供了很好的路徑，所以隨著中國經濟的發展，阿里巴巴發展得也很快。

2004年，阿里巴巴實現了每天利潤100萬元的目標，馬雲說：「未來幾年我們會因為各種各樣的競爭、各種各樣的誘惑而改變我們的想法，也許有一天我們會放棄某一個產品，但我們永遠不會放棄我們的使命，永遠不會放棄這個公司，要追求偉大的夢想，中國電子商務、世界電子商務的歷史由我們去創造，我說過『沒有最好，那我們就去創造最好』。」阿里巴巴堅持到今天，已成為世界上最大的一個商業網站。馬雲用他的親身經歷告訴了我們：堅持到底就是勝利。

活著就會有希望！當然堅持下去並不一定會成功，但堅持會讓你有更多的機會。正如阿里巴巴在得到了孫正義2000萬美元的風險投資後，終於度過了互聯網的寒冬。但2003年，因為中國出現"SARS"疫情，又一次使阿里巴巴陷入了困境。堅持卻又給了馬雲一次機遇，雖然被隔離，阿里巴巴的業務量居然成長了六倍。馬雲說：「堅持到底就是勝利，如果所有的網路公司都要死的話，希望我們是最後一個死的。」可見馬雲堅持的決心有多大！他的成功當然與之有莫大的關係。只要活下去，堅持下去，總會有機遇光顧你的！

馬雲的人生哲學

「堅持到底就是勝利。只要我們活著，就有希望。」這曾是阿里巴巴的口號。這也讓我們領悟到：一個人即使失去了一切，也不能失去希望；一個人即使身處絕境，也不能失去希望。對於一個企業更是如此，只要堅持，才會有更大的希望，才會有更大的機遇。沒錯，最困難的時候，也許就是一次機會。堅持到底就會勝利！

5 戰略的本意——實戰實用

企業間的競爭戰略，是當今的熱門話題，也是企業界最為關注的問題之一。一個企業若要在競爭中生存下去，就內部而言，需要增強企業的獲利能力，主要表現在加強企業的生產與管理上。就外部而言，企業並不是孤立存在的，它只是市場中的一部分。市場是由無數企業構成的，在這其中，企業要想占據主導地位並非易事，所以形成了各企業間的競爭。在競爭的同時，戰略是不容忽視的一環。很多情況下，戰略通常只是被「企業家們」理解為腦海中的宏偉圖像，或圖紙上的先進設計，而忽略了戰略的本意——實戰實用。

◆關注市場同時提高自己

一個企業的成功之道在哪裡呢？在於其充分尊重客觀規律，順應客觀規律，認真投入、知己知彼。而那些失敗的企業之所以會失敗，是因為沒有充分認識到這些客觀規律，即市場的趨勢與需求量及市場中的其他一些因素；自身能提供的能力將決定自己的成本；最終結果將會決定自身的獲利情況。如果不能瞭解這些規律，不論企業實力有多強大，在宏觀經濟世界中，也只不過是滄海一粟，最後也將會走向失敗。

阿里巴巴今天為什麼會做得如此成功？關鍵是什麼呢？事實上，阿里巴巴能成功正是因為它有著長期的戰略、與眾不同的模式、與主流不相容的營運者。對此，馬雲說：「必須先去瞭解市場和客戶的需求，然後再去找相關的技術解決方案，這樣成功的可能性才會更大。」阿里巴巴就是因為做到了這一點，充分瞭解了市場的需求後竭力滿足市場，才使自己的網站擁有強大的資訊流，無論你需要什麼東西，總能在阿里巴巴網站上查到，這也使阿里巴巴在商人的心目中成了最好的賣場。

阿里巴巴有今天的成就，也曾經歷過無數的坎坷，但只要永不放棄就無所謂失敗，只是暫時沒有成功而已，只要付諸實際措施，成功早晚都會來敲門。一個企業有了戰略之後，重要的就是去執行，如果不能落實那就只是一句空話。正如蓋房子一樣，先在腦海中想像房子的形狀，然後畫在圖紙上，按照圖紙選址定位，再施工建造，一磚一瓦累積，最後才能造就摩天大樓。很多企業的失敗通常不是因為沒有目標，沒有戰略，而是沒有將戰略落實。首先要瞭解市場的需求與自身的能力，如果做好了市場的準備，再將其落實執行，那成功的可能性也會因此而增大。

僅僅這些認識還不是企業最終的目的與本意，還應駕馭它、利用它為市場和社會經濟服務。戰略與落實行動是相輔相成的，有了戰略不落實於行動就是紙上談兵，應根據企業自身的能力使自己做到最好；而戰略則是企業行動的先決條件，做好充分的戰略，落實行動，才是企業最終的本意。

◆戰略≠結果

儘管企業關注市場、落實行動是戰略中很重要的一部分，但這並不意味著一定會贏。企業的存在必定具備一定的經濟價值，其最基本、最直接的目的只有一個，那就是創造市場，滿足顧客需求。企業為了達到這一目的，就必須制訂一份完整的戰略目標。利潤其實只是企業發展的一種補償與報酬，而不是結果的全部內容。

馬雲在企業戰略中表示，從戰略到結果，企業需要落實執行每一個細節，需要落實產品、品質、服務的管理機制，更需要踏實謹慎的態度。要關注對手，更要發展自身，學習失敗比學習成功更實用，戰略初期要輕功利、重發展。

阿里巴巴在馬雲的帶領下，經過九年的努力，終於成了中國交易量最大的商業平臺，馬雲的成功無疑可以用「奇蹟」兩字來形容。從阿里巴巴到淘寶，從淘寶到雅虎中國，馬雲一路狂奔，到目前阿里巴巴已擁有一千多萬企業會員，淘寶擁有兩千萬個人會員；阿里巴巴已經連續六年被《富比士》評為全球最佳B2B公司，淘寶網在三年內成功搶占了中國市場70%以上的份額，成為亞洲最大的購物網站；旗下支付寶也已普及至十餘萬家網上商店使用，日交易量達到了十五萬筆，成為國內應用最廣泛、最安全的網路支付工具。這一次次的拓展，一次次的實行，無不是在戰略的指引下進行的。

戰略並不等於結果，一個企業在追求生存價值最大化的同時，必須科學地協調好這些因素。將企業與社會的發展融為一體，使企業與社會的發展相適應並且互相提升，才能保證企業戰略的穩定性，從而增強企業長久的生存能力。在企業發展的過程中遵循「戰略≠結果」這一原則，企業才能長期發展下去。企業需要戰略，其中最關鍵的就是戰略的本意——實戰實用。

馬雲的人生哲學

「戰略不能落實到結果和目標上面，就都是空話。」馬雲這樣說道。儘管在這個過程中，落實並非意味著就一定會成功。但一個企業要生存、要發展，就必須要有一套完整的戰略目標。有了戰略並不等於有了結果，企業家還需要有踏實謹慎的態度。學習別人的失敗比學習成功更重要，最好落實每一個環節，落實每一步行動，這樣才能讓自己贏到最後，笑到最後！這是企業發展之道，也是做人求實之理。

後記：一匹會飛的馬

一篇文章如果想要被人稱讚，必須有血有肉有脊梁骨，拍一下，也能噹噹作響。在這本《馬雲的人生哲學》中，所有的內容最後將濃縮成幾個字——哲學人生，這成為一個符號，代表著馬雲的一種理念、一種個性。讀此書，可以看出，馬雲作為中國大陸少數的卓越商業領袖之一，他充滿哲學的一生，是非常值得我們深入分析與學習的。

從馬雲身上可以看出，無論是創業還是做人都要志存高遠：從創立第一年起就有了「讓天下沒有難做的生意」的企業使命，後來，更有要打造一百零二年壽命的百年老店的遠大目標。難能可貴的是，在其後的企業實踐中，他都能率領團隊按部就班地實現理想，並取得了令人矚目的成就。正如馬雲自己所說的：「你可以失敗，但是你不能失去做人的執著。我不知道成功是什麼，但我知道什麼是失敗。失敗就是放棄。」

創業容易守業難，馬雲帶領鋼鐵般的團隊，用不一般的管理與經營戰略，為阿里巴巴創造了一個又一個奇蹟：可以說，阿里巴巴是馬雲這個不平凡的領導者領導著一群平凡的人締造的不平凡結果。臺灣首富郭台銘曾經說，馬雲是一匹會飛的馬，飛到了雲上，所以叫「馬雲」。現在，這匹馬成了資本市場最紅的馬，他的公司阿里巴巴躥上了雲端。買這匹馬的人，無疑獲得了豐厚的報酬。軟銀孫正義就是這樣的買主，累計幾千萬美元的投資，已經變成了幾十億美元。

在本書中，我們力圖為你呈現一個活靈活現的馬雲，讓你近距離地感受馬雲所帶來的震撼。

2007年，馬雲在舞臺上享受閃光燈和喝采的同時，又幾乎是受到最多質疑和批判的企業家。他是在八年前由杭州湖畔花園開始創業的。然而，也就是從那時開始，他的B2B商業模式就因太過華麗和戲劇化，其真實性一直飽受人們懷疑。2002年，阿里巴巴高調宣布獲利1元錢；2003年日收入100萬元；2004年日獲利100萬元；2005年日繳稅100萬元。在馬雲交出讓人炫目的成績單的同時，人們發自內心的疑問出現了：是什麼在起作用？從這本書裡，從馬雲謎一樣的人生中，你可以找到答案。

本書由郭明濤主編，主要參與編寫人員有：劉艷、戴素菊、田紅娟、郭玉福、王利霞、郭來福、王動陽、李娜、吳振飛、吳麗霞、高明明、劉春麗、許文娟、衛珊、馬蒙蒙、郭遠遠等人。

主要參考書目

1.《贏在中國》項目組編著：《馬雲點評創業》，中國民主法制出版社，2007年版。

2.孫燕君著：《阿里巴巴神話：馬雲的美麗新世界》，江蘇文藝出版社，2007年版。

3. 朱甫著：《馬雲如是說——中國頂級CEO的商道真經》，中國經濟出版社，2008年版。

4.劉世英、彭征明編著：《馬雲創業思維》，經濟日報出版社，2008年版。

5.孫燕君著：《馬雲教：解開馬雲商業帝國密咒》，江蘇文藝出版社，2008年版。

6.劉世英、彭征著：《誰認識馬雲》，中信出版社，2006年版。

7.彭征、高賀編著：《馬雲精彩語錄》，中信出版社，2008年版。

8.楊艾祥著：《馬雲創造：顛覆傳統的草根創業者傳奇》，中國發展出版社，2006年版。

9.劉世英著：《馬雲正傳》，湖南文藝出版社，2008年版。

10.馬鈞著：《馬鈞品馬雲》，武漢大學出版社，2008年版。

11.楊艾祥著：《馬雲再創造：網商帝國崛起的一千零一夜》，中國發展出版社，2008年版。

12.姚非拉主編：《煙波裡我自笑傲江湖·漫話馬雲》，新世紀出版社，2008年版。

中國人生叢書

馬雲的人生哲學

主　　編／郭明濤
出 版 者／揚智文化事業股份有限公司
發 行 人／葉忠賢
總 編 輯／閻富萍
地　　址／台北縣深坑鄉北深路三段 260 號 8 樓
電　　話／(02)8662-6826
傳　　真／(02)2664-7633
網　　址／http://www.ycrc.com.tw
E-mail ／service@ycrc.com.tw
印　　刷／鼎易印刷事業股份有限公司
ISBN ／978-957-818-982-9
初版一刷／2010 年 12 月
定　　價／新台幣 300 元

國家圖書館出版品預行編目資料

馬雲的人生哲學 / 郭明濤主編. -- 初版. -- 臺北縣深坑鄉：揚智文化, 2010.12

面； 公分. --（中國人生叢書）

ISBN 978-957-818-982-9（平裝）

1.馬雲 2.阿里巴巴公司 3.企業管理 4.企業經營

494 99023674